JN092572

航空通信入門

一般財団法人 情報通信振興会

改訂にあたって

　「航空通信入門」の第5版を発行してから既に約15年が経過しました。この間に多くの読者諸氏から貴重なご意見、ご要望をいただき厚くお礼申し上げます。今回、第6版を発行するに当たっては、最新内容の改訂に努めました。

　本書は、これから航空通信に従事しようとしている人、あるいは現に航空通信に関心を持っている人を対象に、航空通信発展の歩み、航空通信の国際基準、通信システムの運営組織とその機能を分かりやすく解説しています。

　民間の航空通信は、ここ半世紀余りの間に国際標準化方式の下で世界的に発展し、普及してきた応用技術分野の一つであり、現在では民間の航空機はその国籍に関係なく世界中の何処を飛行していても地上の無線局と常時交信が可能であり、さらに地上の無線航法援助施設を利用して他国の領空にある航空路を安全に飛行できるような通信システムが確立されています。このシステムを支えているのが国際電気通信憲章に基づく無線通信規則と国際民間航空条約の国際標準方式とその勧告（条約附属書）であります。「電波に国境なし」と言われているように民間航空機もこの「国境のない電波」に支えられて国際航空路線を安全に飛行できるのです。

　航空機が使用する電波は、航空バンドとして国際電気通信連合（ITU）によって一元的に管理され、さらにこれら周波数バンドの無線設備は、国際民間航空機関（ICAO）の国際標準化方式の下で機上設備や航空路線の地上無線援助施設として導入、設置されています。

　このように国際連合（UN）の下でITUとICAOの二つの専門機関がお互いに協力し、民間航空通信の技術基準と標準方式を制定することにより、各国の国内法規則（電波法と航空法）の一層の連携を促進し、均一なグローバルシステムの構築に大いに貢献することとなっています。そして、デジタル機の時代を迎えた今日では、航空通信は航空機の安全運航に必要な空地間の単なる連絡手段のみにとどまらず、世界的な民間航空路線のネットワークを通信（C）、

航法（N）、監視（S）の三つの機能で支えるトータルシステムとしての重要な機能を担っています。21世紀は新型コロナウイルス感染症による大打撃を受けながらも、世界の経済活動を支えるかけがえのない交通手段として、通信と航法の機能を備えた人工衛星による新しいグローバルシステムへと開花する移行時代でもあります。

　このような新しい通信システムを理解する上で必要な専門用語や難しい通信技術の原理を分かりやすく解説していますので、広く民間航空の分野に関心をお持ちの方々によってご利用いただければ幸いです。

　最後になりましたが、本書改定に当たり、関係各位のご協力を賜りました。ここに厚くお礼申し上げます。

2021年　盛夏

一般財団法人　情報通信振興会

目　次

第3章　航空通信の無線周波数

第11章　航空無線航法システム

第12章　民間組織の航空移動通信システム

第13章　航空衛星通信システム

1　無線通信の歴史

　無線通信は、1895年（明治28年）にマルコーニ（伊）が、約 1 マイルの距離
での世界で初めての無線通信の実験に成功し、その後試験を重ね、 4 年後の
1899年に英仏海峡を隔てての通信に成功し、実用化できることを実証した。我
が国では、当時の逓信省の松代技師が1900年に東京月島海岸で約 1 マイルの無
線通信の試験に成功した。

　翌年1901年には海軍独自の設計による34式無線電信機（通信距離28海里）を
開発し、兵器として艦船に搭載している。1903年に36式無線電信機（到達距離
およそ80海里）を開発し、翌年1904年の日本海海戦の実戦で使用している。そ
して、1908年には政府が運営する官営の無線電信局が、民間の大型商船に設置
されると共に陸上には船舶と常時交信できる海岸局が開設された。1912年には
大西洋で大型客船タイタニック号の遭難事故が発生したが、近くを航行中の別
の大型船舶は無線機器を装備していたにもかかわらず、当直無線通信士が当直
時間外であったために救助のための無線交信が受信できず多数の人命を失うこ
ととなった。この結果、通信運用の重要性が国際的に再認識され、1914年には
海上人命安全条約が締結されるとともに大型船舶には無線設備の装備と遭難通
信に対する聴守義務を課すこととなった。

　航空機に搭載する無線装置が、初めて国際会議の議題となったのは1912年の

ロンドン国際無線電信会議であったが、当時は航空機の他に自由気球を対象にしており結果的には時期尚早で特に規定を設けるに至っていない。我が国では、1915年に無線電信法が制定され、海運会社所有の船舶に会社名義の私設無線局（船舶局）を開設することが可能となった。

2　航空機の歴史

飛行機は、1903年に米国でライト兄弟が製作した動力推進をもった固定翼の飛行機によって初飛行に成功しているが、その飛行距離は、およそ37メートルといわれている。1909年7月にはルイ・プレリオ（仏）がフランスからイギリスへのドーバー海峡（38km）の横断飛行に成功している。当時の飛行機と地上との連絡は、地上で旗を振る、信号灯のようなもので合図をするなど、パイロットは、地上の目標物、地形を頼りとする有視界飛行であった。1914年の第1次世界大戦が始まると飛行機は戦線でも使用されるようになり、飛行性能は一段と向上し、飛行航続距離は、1,000km にも達している。

大戦が終わった翌年の1919年には、欧州のパリーブリュッセル、パリーロンドン間で定期航空輸送業務が開始されている。1927年にはリンドバーク（米）が、単独飛行による大西洋横断飛行に成功した。

3　航空無線の実用化

航空機に無線装置を搭載した無線実験は、1907年に英国によって行われている。この搭載の目的は、陸軍砲兵隊との共同作戦で砲撃による着弾の結果を知らせることと、敵の砲兵隊の位置を味方に通報することにあり、その通信距離は130マイルであった。その後、1914年にヨーロッパで始まった第1次世界大戦を契機に軍用の航空機と飛行船に無線電話機が搭載されるようなったが、その目的は空からの偵察であり、陸上での砲撃戦や海上での軍艦行動に無線電話が頻繁に使用され、無線電話戦争とも言われる時代であった。

この大戦中に使用された送信機の多くは火花式のものであり、熟練した無線通信士でなければ操作できない機器であった。戦争を契機に1917年の終わり頃

には、真空管式の無線送信機が製造されるようになったが、敗戦国ドイツでは
休戦に到るまで真空管式無線機は開発できなかった。

　我が国では、1921年頃に海軍が英国マルコーニ社製の長波の航空機用無線電
信機（M式空1号と2号送信機）を搭載した記録が残されている。民間の航空
機に短波（HF）の無線電信の送受信機が搭載され、地上との通信に利用され
るようになったのは、1929年頃である。

4　航空通信の国際規制

　飛行機の性能が向上し、航続距離が伸びるに従って、飛行機に無線送受信機
が搭載されるようになったのは、第1次世界大戦が終了した頃からである。

　第1次世界大戦が終了した翌年の1919年10月にパリ（ヴェルサイユ宮殿）で
平和会議が開催され、1920年に国際連盟が設立された。そして、この平和会議
で初めての国際航空会議が開催され、航空法規に関する条約（別称、パリ条約）
が締結された。

　この条約では、「各国の領空主権」「不定期航空の無害通行権」「航空機の登
録」「耐空証明・技能証明」「航空機の無線機器の装備」等に関する国際航空の
基本原則が確立され、その実施機関として国際航空委員会（ICAN：Interna-
tional Commission for Air Navigation）が、国際連盟の常設機関の一つとして
設立された。この会議で採決された基本原則は、現在の国際民間航空条約が締
結されるときそのまま引き継がれて現在に至っている。1923年にロンドンで開
催された国際航空委員会は「航空機上における無線通信機器の使用に関する規
則」を採択している。

　この条約には、ヨーロッパ諸国を中心とした38か国が加盟しており、日本は
1922年に参加した。しかし、この条約には米国と米州大陸諸国やソ連は参加せ
ず、米国は1928年に別にラテン・アメリカ諸国やスペインが参加する国際航空
会議をハバナで開催し、パン・アメリカン商業航空条約を採択し、当時は世界
的に統一した航空条約は成立していなかった。

　当時の無線通信を扱う国際機関としては、現在の国際電気通信連合（ITU）

の前身である世界的に統一された国際無線電信連合が存在し、ICANとは異なり、当時の国際連盟とは別の独立した国際機関であった。

このため、航空無線に対する世界的な国際ルールが確立したのは、第2次世界大戦後の1945年10月に国際連盟に代わる現在の国際連合（UN：United Nations）が設立されITUと国際民間航空機関（ICAO）が共に国際連合の専門機関となってからである。それまで船舶通信を扱ってきたITUと新たに設立したICAOとがお互いに協力し航空通信に関する国際ルールを確立することとなった。

5　真空管時代の電波兵器レーダー

第1次世界大戦後、世界的な軍事力の増強が進む中で航空機の航続距離は延び、搭載能力も飛躍的に向上した。一方、無線送受信機の性能も一段と向上した。特に1918年に4極真空管が開発されてからは、送受信機は小型化と軽量化が一段と進み航空機への装備が容易になり、電波兵器として利用されるようになった。そして、海軍と陸軍の飛行場は軍事基地として対空無線設備、航行援助施設、航空気象観測機器等の無線設備が装備されるようになった。

第2次世界大戦終了時（1945年8月）の爆撃機、偵察機等の複座の軍用機には、長波（300-500kHz）に加え、短波（5000-20000kHz）が使用されるようになった。航空機には真空管式無線電信機が装備され、モールス電信と無線航法を行う専任の無線通信士が航空機乗員として乗務し、飛行場の陸上基地にも無線通信士が配備されるようになった。単座戦闘機には、編隊飛行を行う隊長機の指揮連絡用に操作の簡単な近距離用の無線電話機が装備されていた。

一方、第2次世界大戦に突入してから、レーダーは、洋上の艦船と航空機を探知する新しい電波兵器として実戦に応用しながらレーダーの技術開発は著しい発展をみせていた。レーダーの開発は、1936年頃から欧米で本格化し、米国では1940年にマグネトロンが発明されている。日本では、1937年に陸軍がレーダーの研究を開始しているが、電波兵器としての重要性の認識はそれほどでもなかったようである。海軍は太平洋戦争開戦後の1941年から本格的にレーダー

の研究開発を開始しているが、レーダー技術の開発は思うように進まなかった。

　一例をあげれば、1942年6月の南太平洋のミッドウェー海戦では日本海軍の投入した主力機動部隊は、艦船と航空機の戦力は数の上で米海軍のそれを上回っていたにも係わらず、日本海軍はこの海戦で壊滅的な打撃を受け、太平洋での戦局は、攻勢から守勢へと変換する転機となっている。この決定的な敗因は二つ、一つは日本海軍の無線電信の暗号が米軍によって解読されていたこと、もう一つはレーダーの装備が不充分であったこととされている。この海戦に参加した米海軍の大型艦船の殆どが対空レーダーを装備し、さらに偵察機の一部にも装備していたのに対し、日本海軍の艦船と航空機には実戦用のレーダーが装備されていなかった。この海戦時の日本海軍は一部の主要戦艦に装備したもののテストの段階であったといわれている。

　その後、戦争末期にレーダー技術は、来襲する敵機発見のための対空見張用、対空射撃用、偵察機による哨戒索敵用、電波探知機（逆探装置）、敵機と味方機の識別装置等の電波兵器として開発され、実戦に使用されるようになったが、日本のレーダー兵器の探知性能は、米軍に大きな遅れをとったままで敗戦を迎えている。

　それから70年余を経過した現在では、電波兵器として開発されたレーダー技術は、地上の航空交通管制用の監視レーダーシステムとして、さらに航空機装備のアビオニクス機器として民間航空の安全と発展を支える最も重要な基礎技術となって今日に至っている。

6　民間航空通信の始まり

　我が国の民間航空は、日本航空輸送研究所が1922年に大阪（堺）と四国（徳島、高松）間に定期航空便を就航させたのが初めてである。翌年の1923年1月には東西定期航空会㈱が東京－浜松－大阪間の週1便の定期便を就航させたが、片道の飛行時間は4時間を要している。

　1926年には我が国初の大阪－大連（中国の遼東半島）の海外路線が開設されている。しかし、当時の飛行機は無線機の搭載もなく昼間の有視界飛行のため

天候に支配される就航であった。

(1) 我が国初の民間航空通信施設

　我が国では、1928年に既設の東西定期航空会等の業務を引き継いで日本航空輸送会社が設立された。そして、翌年に所有する航空機の「しらさぎ」「はと」「かりがね」「つばめ」の4機に私設（民間）の無線電信機を装備してテストを行った後、1930年2月12日から運用を開始し、同年末までに総計15局を開局している。当時の航空路線別の運航回数を表1-1に示す。

　一方、地上の無線設備は、会社設立と路線開設に併せて1929年4月1日に東京と大阪の通信省無線電信局の既設の一部設備を利用して航空通信業務を開始したのがその始まりである。

　その後、同年中に箱根、亀山、福岡の3局が、翌年には厳原、富江の2局の航空無線電信局が開設されている。当時の地対空の無線通信は、電話ではなく、モールス電信による交信で行われていた。当初の地上の航空無線電信局の開設状況と使用した周波数を表1-2に示す。

　一方、1931年には、大西洋の単独横断飛行に成功したリンドバーグ氏が夫人と共にアリューシャン列島経由の太平洋横断で立川飛行場に飛来している。飛行機は、無線機を搭載した水上機で、途中北海道の海岸局と交信した記録が残されている。そして、同じ年に現在の東京国際空港となる羽田に民間の飛行場が開場している。

表1-1　航空路線別の運航回数

路　　線	区　　間	1週間当りの運航時間	
		1929年度	1930年度
東京——大連線	東京———大阪	12往復	12往復
	大阪———福岡	6往復	6往復
	福岡———京城	3往復	6往復
	京城———大連	3往復	6往復
大阪——上海線	大阪———福岡	3往復	6往復
	福岡———上海	試験飛行	3往復

表1－2　我が国民間航空の初の航空無線電信局の開設状況

局　　名	周波数等	運用開始年月日
東　　京	205kHz（定時気象情報の放送） 200kHz（航行安全に関する通報） 333kHz（飛行機との通信連絡）	1929年4月1日
大　　阪	240kHz（定時気象情報の放送） 200kHz（航行安全に関する通報） 333kHz（飛行機との通信連絡）	1929年4月1日
箱　　根	200kHz～240kHz までの1波 　　（定時気象情報の放送） 200kHz（航行安全に関する通報） 333kHz（飛行機との通信連絡）	1929年5月21日
亀　　山		1929年9月16日
福　　岡		1929年7月6日
厳　　原		1930年6月21日
富　　江		1930年9月21日

(2)　1930－40年代の民間航空通信

　地上の対空無線施設が主要航路上に設置されるに伴い、輸送機の航続距離も延びて航空機には無線電信機が装備されるようになった。1936年には日本航空輸送㈱が定期便を福岡からさらに、那覇、台北へと路線を延長している。翌年には東京から朝鮮半島のソウル（旧京城）経由で中国の大連、中国東北部（旧満州国）の長春（旧新京）へと定期便の航空路線を拡大している。

　その後、1938年には当時の日本航空輸送㈱と国際航空㈱の2社が合併して新たに国策会社として大日本航空㈱が創設されたが、この頃になると民間航空会社といっても日本陸軍と海軍の輸送機関としての性格を強める傾向にあった。1939年度末には無線電信機を装備した航空機局は49局、1940年には東京－バンコクなどの国際路線が開設され、1941年10月には航空機局は121局となった。その内訳は、100局余りは大日本航空㈱のものであって、残り20局は、朝日新聞社、大阪毎日新聞社、中央気象台、静岡県、大洋捕鯨、報知新聞社や国際航空が所有する航空機局であった。

　さらに、海上の航空路を飛行する航空機のために航空無線標識（ラジオビーコン）が必要になり、1941年6月に鹿児島県郵便局分室として吉野標識送信所、那覇郵便局分室として真和志標識送信所、米子無線電信局分室として東福原標識送信所に設置され、海上飛行を伴う台湾と朝鮮半島への航空路への無線標識業務を開始した。

　その運用時間は、定期便の運航時間帯のほか要求により随時運用が行われ、悪天候の時や夜間にも飛行の方向、位置が確認できるようになった。しかし、太平洋戦争の激化と共に、大日本航空の民間航空機も軍用の輸送機として徴用されると共に、地上の航空保安施設も軍用施設に組み込まれた。戦争末期（1944 - 45）には太平洋のサイパン島を基地とする米極東空軍の戦略爆撃機B - 29による本格的な日本本土空爆が開始され、地上施設は壊滅的な打撃を受けて敗戦を迎えている。

7　民間航空通信の再開

　1945年8月15日の敗戦により、我が国の民間航空機の保有、運航、製造、研究等の活動は、連合軍司令部（GHQ）の覚書によって一切禁止された。

　しかし、日本国内で連合軍の軍用機及び外国の民間航空機の飛行に対する航行援助のため、日本政府に対し同年10月21日付けの覚書で「札幌、東京、大阪及び鹿児島における4コースレンジの航空路標識を直ちに作動させること」の命令が出され、さらに同年11月21日には名古屋、福岡、天草の4コースレンジの地上設置が指令されている。1946年6月には、大島にZマーカ・ビーコン（注）を設置する指令が出された。その後、地上の無線航行援助施設は、逐次増設されると共に、1946年には、これら無線標識施設の運用状況について東京や鹿屋の米航空通信隊と直接連絡するための固定通信施設が福岡、鹿児島、熊野、大島、名古屋の5か所に設置された。

（注）　Zマーカ・ビーコン：航行援助施設の一つ。垂直円錐形の電波を発射する無線標識で、周波数は75MHz が使用される。現在ILS 進入時以外は使用されていない。

　戦後の我が国の民間航空の再開は、1950年6月26日付けの GHQ 覚書によっ

て日本の国内航空運送事業令が同年11月 1 日に公布され、翌年 7 月に日本航空（株）が新しく設立された。同年10月25日に当時の米国のノースウエスト航空会社からチャーターした 1 機の航空機（木星号）によって国内線の一番機が羽田から福岡に飛び立ち、東京－大阪－福岡、東京－札幌の定期航空路線が開設された。

　路線開設に先立ち、気象情報を始めとする航空機の安全運航、正常運航に必要な各種情報のやりとりのために各飛行場相互間を結ぶ固定通信回線が設置された。そして、 4 年後の1954年 2 月に日本航空㈱の国際線 1 番機（DC-6 B、シティ・オブ・トウキョウ）が米国サンフランシスコへ飛び立ち、我が国の国際航空運送事業が再開された。

　当初、航空機に搭載する無線設備は、1950年 6 月 1 日から新たに施行された「電波法」によって航空機局として免許されることとなった。そして、1952年 7 月11日に日本航空㈱が導入した「てんおうせい号」や「きんせい号」に電波法に基づく最初の航空機局が開設された。

　第 2 次世界大戦後の世界的な民間航空の再開で大きく変わったことは、トラフィックの増加と航空機のスピードアップが進み、定められた航空路を飛行することが必要になったことと、飛行場への離発着には航空交通管制が必要となったことである。そのため、パイロットと地上の航空管制官が交信する通信は、モールス電信から無線電話へと移行し、電波技術の進歩によって管制通信は、超短波（VHF）帯の周波数を使用し、HF 帯は主として洋上飛行等の遠距離通信のみに使用するようになった。

8　国際民間航空機関 (ICAO : International Civil Aviation Organization)

　国際連合の専門機関としての ICAO は、国際民間航空条約の第 2 部「国際民間航空機関」（第43条－第66条）に基づいて設立された国際機関であり、その本部をカナダのモントリオールに設置している。

(1) ICAO 条約の成立（別称　シカゴ条約）

　国際民間航空に関し、第 2 次世界大戦中の航空技術の著しい進歩に対応す

るため、1944年11月シカゴで国際民間航空会議が開催され、新たに国際民間航空に関する暫定協定及び国際民間航空条約（シカゴ条約）等が締結され、1945年6月同暫定協定に基づき暫定国際民間航空機関が設けられた。その後、シカゴ条約に所定の26か国が批准した後1947年4月4日国際民間航空機関（ICAO：International Civil Aviation Organization）が、国連専門機関として発足した。

我が国は、1952年の国際連合へ加盟した後、1953年10月にICAOに正式加入して現在に至っている。

⑵ ICAO の組織

ICAO の組織は、条約の締約国の代表者で構成される最高決議機関としての総会（Assembly）があり、その総会の下に常設の執行機関である理事会（Council）が置かれている。理事会の下にはその活動を補佐するいくつかの専門家による委員会と事務局が設置されている。委員会の一つに航空委員会（Air Navigation Commission）があり、その委員会が開催する航空会議の下にいくつかの部会（Division）が設置されており、各部会の役割はこの条約の附属書の修正を審議、採択することとしている。

このうちの通信部会は、第2次世界大戦後の国際民間航空に必要な航空無線を確保するために設置され、国際電気通信連合（ITU）のアトランティック・シティ会議（1947年）に向けて航空移動業務のための周波数帯分配のための活動を行っている。

ICAO の主な任務として、国際航空の安全と能率化のために、航空保安施設、空港施設、航空規則、航空交通管制方式、通信組織、航空従事者資格、航空機の登録・識別、気象情報の収集・交換、航空図、国際航空運送、税関出入国手続等について、国際標準及び勧告方式の採択を行っている。

9　我が国の航空交通管制システム

我が国に航空交通管制システムが導入されたのは、太平洋戦争の終了に伴い日本に駐留した連合軍の米軍によるものが最初である。1947年に国の施政権が

返還された後も日米安全保障条約に基づく日米行政協定に従って日本に駐留する米軍によって、国内の航空交通管制が行われていた。

1952年7月に羽田飛行場が米軍から返還され、東京国際空港と改称した。同時に羽田空港で米国 ARINC が運用していた通信施設を日本政府が買収し、東京国際航空通信局としてその運用保守の管理を運輸省（現：国土交通省）が行うこととなった。その後、国内の航空交通管制業務を自主運営するため、1955年5月1日からは約100名の日本人航空管制官の養成と訓練が米軍施設で実施され、1957年からは航空路管制施設も順次日本政府に移管された。

1958年3月には伊丹飛行場が返還されて大阪空港となり、以後、国内の航空路が逐次開設されるに伴い、地上の無線施設を増設し自主運営するようになった。

こうして1959年7月1日に国内航空路の管制権が米軍から日本に引き継がれた。当時は、東京航空交通管制本部が日本の全空域を担当していたが、1966年には札幌、東京、福岡の3航空交通管制部となり、さらに1972年の沖縄返還に伴い4管制部制（東京、札幌、福岡、沖縄）となった。

2006年東京航空交通管制部及び那覇航空交通管制部で担当していた洋上管制業務が、航空交通管理センター（所在地：福岡）で実施されることになり、東京 FIR 及び那覇 FIR が統合されて、福岡 FIR に変更になった。

2018年那覇航空交通管制部（那覇 ACC）から神戸航空交通管制部（神戸 ACC）に移管された。沖縄県、鹿児島県（奄美付近）の航空路を担当する。

10　国際電気通信連合（ITU：International Telecommunication Union）

現在の国際電気通信連合（ITU）は1865年創設の有線の海底電信と国際電話を扱う万国電信連合と1908年創設の無線の国際無線電信連合の二つの連合組織が1932 年のマドリッド会議で合併し、その名称を ITU と変更して現在に至っている歴史の古い国際機関の一つである。本部はスイスのジュネーブに置かれている。

(1) 第2次世界大戦後の ITU

　ITU の活動は、第2次世界大戦中に一時中断したものの、大戦終了後の1947年に米国のアトランティック・シティで全権会議を開催している。

　この会議の目的は、大戦後の荒廃した電気通信の復興と新しい通信技術への対応のために、1932年に採択されて以来そのままになっていたマドリッド条約を改正することと ITU の組織を大幅に改革することにあった。

　ITU は、それまで国際連盟からも独立した国際機関であったが、この条約改正で、新たな国際連合（United Nations）の下での専門機関となった。この時期には、国際民間航空機構（ICAO）も国連の専門機関として発足しており、ITU は ICAO の国際民間航空の国際標準と勧告方式の制定について航空通信の分野で密接に協力することとなった。

　また、同時にこの国際電気通信条約の附属業務規則である国際電気通信規則と無線通信規則についても大戦後の国際電気通信の円滑な運営と発展を図ることを目的にその内容を改定している。

　特に、この無線通信規則には、航空通信を含む無線通信の定義、電波発射の表示、周波数分配表、周波数の通告と登録、移動無線業務の運用条件、電波の国際監視等についての新たな基本原則が定められた。また、ITU の組織改革では、管理理事会の新設の外に、国際周波数登録委員会（IFRB）が設置されている。

　この委員会は、加盟各国の周波数の登録と管理を一元的に行うため、各国の電気通信主管庁が自国の無線局に対して周波数割当てを行う場合、既設の無線局に有害な混信を与えないかを審査し、無線通信規則の諸条件に適合していることを確認するための常設機関とした。アトランティック・シティの全権会議以降の無線通信主管庁会議は、米国が中心となって頻繁に会議が開催されるようになり、ICAO と民間の IATA（国際航空運送協会）も ITU の航空通信に関係する会議にはオブザーバーとして参加するようになった。

(2)　**我が国の ITU 加入**

　我が国は、国際電気通信の分野では1879年の海底ケーブルのための万国電信会議（ロンドン）に始めて参加し、その条約に加入して以来、国際電気通信の活動には積極的に参加してきていたが、1945年の第2次世界大戦の敗北で連合員としての資格を失い、戦後の1947年のアトランティック・シティ会議では連合軍の占領下にあったため、オブザーバーの資格での参加であった。

　その後、講和条約が成立し、1949年1月に同条約の追加議定書に署名してITU の連合員として正式に加入が認められた。

第2章　航空無線通信の国際条約と国内法

1　航空通信の用語と定義

(1)　無線通信の定義

　国際電気通信連合憲章・条約では、無線通信を"電波による電気通信"と定義している。また、電波法施行規則では「無線通信とは、電波を使用して行うすべての種類の記号、信号、文言、影像、音響又は情報の送信、発射又は受信をいう」と定義している。

　このことから、"航空無線通信"の用語には、航空機と地上との間で音声や文字による一般的な「無線電話やデータ通信」の他に、航空機から発射した電波の反射波を受信、あるいは地上からの電波を受信して航空機が現在位置を知る「航法」も、また地上からの質問信号に対する機上の自動応答により地上で航空機の動向を把握する「監視」も航空無線通信業務の範疇に含まれる。

　この通信（C）、航法（N）、監視（S）の三つの業務は、航空機の出発から到着に至るまでの飛行過程で航空機の安全飛行と正常運航を支援するために不可欠なシステム機能として働いている。

(2)　航空電気通信システム

　「航空無線」とか「航空通信」は一般用語であって、特に法規則上の定義はなく、正しくは「航空無線通信」と「航空電気通信」のことである。

　一般に電気通信は有線と無線に分けられる。無線通信は、一般によく使われている移動通信と固定通信に分けたり、あるいは電波伝搬上の直接波と通信衛星経由の中継波の違いによる「地上系」と「衛星系」に区分したり、さらに移動通信は航空、海上、陸上に区分したりするが、これら有線系と無線系の総称が「電気通信（telecommunications）」である。

　また、無線通信規則は、「陸、海、空の無線」に対する国際規則であるのに対し、ICAO の電気通信に関する国際標準と勧告方式は「有線系と無線系の航空通信」に対する国際勧告であることから、「航空電気通信システム」という用語を使用している。

(3)　**航空通信の種別**

　飛行中の航空機と地上との空地間、あるいは航空機相互間で電話又はデータ通信によって行われる航空通信は、一般に次の4種類に大きく分けられる。

①　航空交通通信（ATC：Air Traffic Communications）

　　航空機の安全と正常運航のための航空交通業務を行うための通信。

②　運航管理通信（AOC：Aeronautical Operational Communications）

　　定期航空運送事業を行う航空会社で運航乗務員と地上の運航管理者との間で航空機の正常運航、搭乗者の人命安全等に係わる通信。

③　航空業務通信（AAC：Aeronautical Administration Communications）

　　航空機使用事業者がその事業を円滑に行うため地上の運航責任者とパイロットとの間で航空機の安全と正常運航に係わる通信。

④　航空旅客用通信（APC：Aircraft Passenger Communications）

　　航空機搭乗の旅客が客室内で利用する航空公衆通信であって地上の一般公衆通信網に接続され、航空機の安全運航に関係しない通信。

2　航空通信に関する国際条約

　国際条約とは、その条約を批准した国家間の合意文書であり、その条約に合意した国はその条約の規定に従う義務がある。航空通信に関係する国際条約は次のとおり。

⑴　国際電気通信連合憲章と国際電気通信連合条約

（Constitution of International Telecommunication Union &

Convention of International Telecommunication Union）

　国際電気通信連合憲章とそれを補足する条約は、国際電気通信連合（ITU）の基本文書であり、有線と無線のすべての種類の電気通信について各締約国が遵守すべき基本規律を定めている。無線通信については、憲章の第 7 章「無線通信に関する特別規定」（第44条 – 第48条）でその基本条項を定めている。

　その主な内容は、電波の有効利用、有害な混信の防止、人命安全のための無線通信の国際規律である。

　このうち航空無線に関係する主な条項は次のとおりである。

① 　無線周波数スペクトル

　ITU は、各国の無線通信の局の間の有害な混信を避けるため、無線周波数スペクトル帯の分配、無線周波数の地域分配と周波数割当ての登録（対地静止衛星軌道上の関連する軌道位置又は他の軌道上の衛星の関連する特性を登録することを含む。）を行うこと。　　　（憲章第 1 条第 2 項 (a)）

② 　人命の安全に関する電気通信の優先順位

　構成国は、国際電気通信業務での海上、陸上、空中及び宇宙空間における人命の安全に関するすべての電気通信並びに世界保健機関の伝染病に関する特別に緊急な電気通信に対し絶対的優先順位を与えること。

（憲章第40条）

③ 　無線周波数スペクトルと対地静止衛星軌道

　使用する周波数の数及びスペクトル幅は最小限度にとどめるよう努める。その使用は、無線通信規則に従って合理的、効果的かつ経済的に行うこと。　　　　　　　　　　　　　　　　　　　　　　（憲章第44条）

④ 　有害な混信の排除

　・すべての無線局は、他の無線通信又は無線業務に対し有害な混信を生じさせないように設置し、運用すること。

・すべての種類の電気機器及び電気設備の運用が、無線通信と無線業務に
有害な混信を生じさせることを防ぐため実行可能な措置をとること。

（憲章第45条）

⑤　遭難の呼出しと通報

すべての無線局は、遭難の呼出し及び通報を絶対的優先順位で受信、応
答して必要な措置をとること。
（憲章第46条）

⑥　虚偽信号の防止

構成国は、虚偽の遭難信号、緊急信号、安全信号あるいは識別信号の伝
送を防止するための措置をとり、これらの信号を発射する自国管轄下にあ
る無線局を探知、識別すること。
（憲章第47条）

(2)　ITU 無線通信規則（Radio Regulations）（ITU-RR）

憲章の第1章「基本規定」（第4条）では、憲章と条約を補足する業務規
則として国際電気通信規則と無線通信規則の二つの国際規則を定めている。

無線通信規則は、各締約国が電波を取り扱う上で遵守すべき国際規律を定
めている。その内容は、無線通信業務の分類、各業務別の無線周波数バンド
の指定、通信の種別と優先順位、無線局の運用、通信手順、無線従事者資格、
さらに無線局の技術特性等についての基本的な国際規律と基準を定め、勧告
（Recommendation）と決議（Resolution）を行っている。

航空無線通信については、憲章の第8章「航空業務」でこの業務の基本的
な事項を規定している。主な内容は次のとおり。

①　政府間協定による規律

航空移動業務に関する政府間協定として国際民間航空機関（ICAO）が
標準勧告方式を設定すること。（第35条）

②　移動局（航空機局）の責任者の権限

航空機局の業務は、指揮権を有する機長（PIC）の権限の下で通信士が
局の運用を行うこと。（第36条）

③　航空機局の通信士の証明書

・航空機局の操作（第37条第1節）

・通信士証明書の取得必要条件（第37条第 1 節）

・通信士証明書の等級と種類（第37条第 2 節）

・通信士証明書の発給条件（第37条第 3 節）

④　その他

・航空局及び航空地球局の職員（第38条）

・航空機局及び航空機地球局の検査（第39条）

・無線局の執務時間（第40条）

・海上移動業務の局と通信する航空機上の局（第41条）

⑤　無線周波数の使用に関する特別規定

・航空移動（R）業務及び航空移動衛星（R）業務に分配された周波数帯の周波数は、航空機と国内民間航空路又は国際民間航空路に沿う飛行を主として担当する航空局及び航空地球局との間の安全及び正常な飛行に関する通信に保留する。（第43条）

・航空移動（OR）業務及び航空移動衛星（OR）業務に分配された周波数に関する上記と同じような規定（同上）

・主管庁は、航空移動業務及び航空移動衛星業務に専用として分配された周波数帯において公衆通信を許してはならない。（同上）

（注）　1　航空移動（R）業務及び航空移動（OR）業務については後述
　　　　2　この公衆通信の禁止規制は、HF と VHF の航空移動業務用の周波数バンドに対する規制であり、新たに設けられた UHF の航空移動業務用周波数帯は航空公衆通信専用のバンドであり、航空移動衛星業務では同一バンドの中で公衆通信を最下位の優先順位扱いで認めている。

⑥　通信の優先順位

　航空移動業務及び航空移動衛星業務における通信（無線電報、無線電話通信及び無線テレックス通信を含む。）の優先順位は次のとおりである。

（第44条）

(a)　遭難呼出し、遭難通報及び遭難通信

(b)　緊急信号を前置する通信

(c)　無線方向探知に関する通信

(d)　飛行安全通報

(e)　気象通報

(f)　飛行正常通報

(g)　国際連合憲章の適用に関する無線電報

(h)　優先順位を有する官用通報

(i)　電気通信業務の運用又は先に交換した通信に関する業務用通信

(j)　その他の航空通信

⑦　航空移動業務の一般通信手続

　　航空局と航空機局が通信連絡を行う指定空域、相手局呼出しの手順、複数の航空機局からの同時呼出しに対する航空局の応答手順等の通信設定に関する事項。　　　　　　　　　　　　　　　　　　　　　　　　　（第45条）

(3)　国際民間航空条約（Convention on International Civil Aviation）

　　国際民間航空条約が定める航空通信は、民間航空機の安全飛行と正常運航に係わる移動通信と固定通信に係わる電気通信業務である。その概要は次のとおり。

①　国際標準と勧告方式（International Standards and Recommended Practices for Air Navigation Services）

　　民間航空機が国際航空路を安全に飛行し、世界各国の空港をスケジュール通り規則正しく離発着できるようにするためには、各締約国はその国が管轄する空域内に世界的に統一された航空交通システムとその運営体制を確立することが必要となる。このため ICAO 条約（第37条）では、民間航空機の運航に関する次のような国際標準、勧告方式及び手続を必要に応じて採択し、改正することを定めている。

(a)　通信組織及び航空保安施設（地上標識を含む）

(b)　空港及び着陸場の特性

(c)　航空規則及び航空交通管制方式

(d)　運航関係及び整備関係の航空従事者の免許

(e)　航空機の耐空性

　(f)　航空機の登録及び識別

　(g)　気象情報の収集及び交換

　(h)　航空日誌

　(i)　航空地図及び航空図

　(j)　税関及び出入国の手続

　(k)　遭難航空機及び事故の調査

　(l)　その他、航空の安全、正確及び能率に関係する事項

　　なお、標準方式については、各締約国は遵守する義務があり、遵守ができない場合は、条約第38条により理事会にその旨を通告する義務がある。勧告方式についてはこの手続が望ましいと認められたものであり、各締約国は遵守する努力が求められる。

②　ICAO 条約附属書

　　ICAO 条約の国際標準と勧告方式は、ICAO の航空委員会によって審議され、理事会によって採択された後、条約の附属書として制定される。

　　航空通信に関しては、ITU の無線通信規則に基づく無線周波数の具体的な配分、航空局と航空機局の運用条件と通信手続、航空機航法システムと無線航法援助施設の技術仕様と設置条件、航空固定通信ネットワークの通信手続、その他航空従事者としての無線通信士制度、通信略号と略号などについての国際標準と勧告方式を定めている。附属書は次の19の分野別で構成、出版されている。

＜条約附属書＞

　　　　　　　（Annexes to the Convention on International Civil Aviation）

　1　航空従事者の技能証明（Personnel Licensing）

　2　航空規則（Rules of the Air）

　3　国際航空のための気象業務

　　　　　　　（Meteorological Service for International Air Navigation）

　4　航空図（Aeronautical Charts）

　5　空中及び地上運用で使用される計測単位

（Units of Measurement to be Used in Air and Ground Operations）

6　航空機の運航（Operation of Aircraft）

7　航空機の国籍及び登録番号

（Aircraft Nationality and Registration Marks）

8　航空機の耐空性（Airworthiness of Aircraft）

9　出入国の簡易化（Facilitation）

10　航空通信（Aeronautical Telecommunications）

11　航空交通業務（Air Traffic Services）

12　捜索救難（Search and Rescue）

13　航空事故及び偶発事件調査

（Aircraft Accident and Incident Investigation）

14　飛行場（Aerodromes）

第1巻　飛行場設計と運用（Aerodrome Design and Operations）

第2巻　ヘリポート（Heliports）

15　航空情報業務（Aeronautical Information Services）

16　環境保護（Environmental Protection）

17　保安（Security）

18　危険物の安全輸送（Safe Transport of Dangerous Goods by Air）

19　安全管理（Safety management）

⑷　条約第10附属書「航空通信」

　ICAO条約第10附属書「航空通信」は、民間航空の安全、秩序、能率を向上させるため、無線航法援助施設の技術基準と設置条件、航空通信ネットワークと通信局の設備要件、運用手続、通信コード等に対し、最大限の国際標準と勧告方式を確保することを目的とし、次の5巻（Volumes）で構成されている。

　第1巻　無線航法援助施設（Radio Navigation Aids）

　第2巻　航空業務方式を含む通信手続

（Communication Procedures including those PANS status）

　第3巻　通信システム（Communication Systems）

　　第1部　デジタルデータ通信システム

　　　　　（Parts-Ⅰ Digital Data Communication Systems）

　　第2部　音声通信システム（Parts-Ⅱ Voice Communication Systems）

　第4巻　監視レーダー及び衝突防止システム

　　　　　（Surveillance Radar and Collision Avoidance Systems）

　第5巻　航空無線周波数スペクトラムの利用

　　　　　（Aeronautical Radio Frequency Spectrum Utilization）

　なお、航空通信に関しては、この第10附属書の他に、第1附属書には航空従事者技能証明の中で無線通信士の資格要件について、また第11附属書では「航空交通業務の通信要件」等の規定がある。

⑸　**航空業務方式**（PANS：Procedures for Air Navigation Services）

　ICAO の国際標準と勧告方式を定める附属書の他に、民間航空業務を世界的に統一して運用するために航空業務方式がある。

　この方式は、附属書の国際標準と勧告方式の補足的、より詳細な規定、実際の運用手続等を定めたものである。

　そのほか、地域を限定して附属書とこの航空業務方式を補足するものとして地域補足方式（SUPPS：Regional Supplementary Procedures）があり、ICAO の航空情報出版物（AIP：Aeronautical Information Publication）に掲載される。航空通信に関係する PANS は次のとおりである。

①　ICAO 略語と符号（PANS-ABC：ICAO Abbreviations and Code）

②　航空機の運航（PANS-OPS：Aircraft Operations）

　第1巻　飛行方式（Flight Procedures）

　第2巻　目視と計器飛行方式の構築

　　　　　（Construction of Visual and Instrument Flight Procedures）

③　航空規則及び航空交通業務

　　　　　（PANS-RAC：Rules of the Air and Air Traffic Services）

④　気象（PANS-MET：Meteorology）

⑹ 航空通信に関係するその他の国際条約

上記に述べた国際条約の外に、国際民間航空の通信に関係する国際条約としては次のものがあげられる。

① 国際海事衛星機構（インマルサット）に関する条約

(Convention on the International Maritime Satellite Organization)

インマルサット（本部所在地：英国ロンドン）は、船舶に衛星通信サービスを提供する国際通信機関として1982年に運用を開始した。そして1989年には条約と運用協定の一部改正を行い海上移動業務に加えて航空移動衛星業務と陸上移動衛星業務のサービス提供を可能とした。

なお、条約改正により、衛星システムを運用するインマルサット社と、これを監督する国際衛星機構（IMSO）に分離された。

現在は、航空衛星通信システムとして1991年より運航管理通信（AOC）や航空機公衆通信（APC）に使用されているほか、近年はICAOのCNS/ATM計画に基づく航空交通管制通信（ATC）の管制官とパイロット間のデータリンク通信にも利用されるようになっている。

② 海上における捜索及び救助に関する国際条約（SAR条約1979）

(International Convention on Maritime Search and Rescue)

この条約は、海上における遭難者を速やかに効率良く救助するために沿岸国が自国の一定海域の捜索救助を行うための国内体制の確立と関係各国との調整を行い世界的な捜索救助体制を定めたものである。

③ 海上における人命の安全のための国際条約（SOLAS条約1974）

(International Convention for the Safety of Life at Sea)

この条約は、1914年に締結された条約であり、1988年の改正で「海上における遭難及び安全の世界的な制度（GMDSS：Global Maritime Distress and Safety System）」が採択され、1999年2月より完全実施されている。主として船舶を対象とし、使用周波数や運用手続は無線通信規則で定められている。

3　航空通信に関する国内法規則

　国際条約とそれに基づく規則及び国際勧告等の国際規律の内容は、各国の国内法規則に反映される。我が国では国際電気通信連合憲章・条約の無線通信に関係する国内法としては「電波法」があり、また国際民間航空条約に関係する国内法としては「航空法」がそれぞれ制定されている。

(1)　電波法

　電波に国境なしと言われるように電波の管理には国際的に統一された規律が強く求められることから、電波法の第 3 条（電波に関する条約）では「電波に関し条約に別段の定めがあるときは、その規定による。」と定め、国際電気通信連合憲章と条約及びその無線通信規則に準拠して電波法が制定されていることを明確にしている。

(2)　航空法

　我が国の民間航空に関する基本法は「航空法」であり、航空法はその第 1 条（この法律の目的）において国際民間航空条約との関係を次のように規定している。

　「この法律は、国際民間航空条約の規定並びに同条約の附属書として採択された標準、方式及び手続に準拠して、航空機の航行の安全及び航空機の航行に起因する障害の防止を図るための方法を定め、並びに航空機を運航して営む事業の適正かつ合理的な運営を確保して輸送の安全を確保するとともにその利用者の利便の増進を図ること等により、航空の発達を図り、もって公共の福祉を増進することを目的とする。」

4　航空通信を扱う無線局と電気通信局

　無線通信規則や電波法は、無線通信のみを扱う法規則であるのに対し、ICAO 第10附属書では無線と有線の両方の電気通信を扱う規則となっている。

　一般に局（Station）は、移動業務の局（航空機局等）と固定業務の局（航空局）に区分され、移動局は一般に電波を使用する無線局である。しかし、ICAO 第10附属書では固定局となると無線局であるとは限らなくなる。

(1) **航空機局**（Aircraft Station）

　航空機の安全及び正常な飛行について地上と航空機との間で無線通信を行う業務を航空移動業務といい、この業務を行うために航空機に設置した無線局（移動局）を「航空機局」という。

　この航空機局の特徴は、航空移動業務用の無線電話、データ通信等の送受信設備と航空無線航行業務用の各種無線設備（距離測定装置（DME）、レーダー、電波高度計等）などのすべての無線設備をまとめて航空機局という単一の無線局免許となっていることである。ただし、通信衛星経由で送受信される機上の通信設備は、下記(6)項で述べるように「一の機体毎に」一括して「航空機地球局」という別名称の無線局となる。なお、この一括免許方式は海上移動業務の船舶局についても同じである。

(2) **義務航空機局**

　航空法は、航空交通管制区又は航空交通管制圏を飛行する航空機、あるいは航空運送事業の用に供する航空機は、無線設備を装備しなければならないことを定めている。

　電波法（第13条）では、この航空法（第60条）の規定により無線設備を設置しなければならない航空機の航空機局を「義務航空機局」と定義している。

（参考）航空法第60条（航空機の航行の安全を確保するための装置）：

　　国土交通省令で定める航空機には、国土交通省令で定めるところにより航空機の姿勢、高度、位置又は針路を測定するための装置、無線電話その他の航空機の航行の安全を確保するために必要な装置を装備しなければ、これを航空の用に供してはならない。ただし、国土交通大臣の許可を受けた場合は、この限りでない。

(3) **航空局と責任航空局**

　上記(1)で述べた航空移動業務を行う地上の無線局を「航空局」といい、航空交通業務が行われている空域で航行中の航空機局が連絡することを義務づけている航空局を電波法令では「責任航空局」と呼んでいる。責任航空局は、その局が担当する空域を飛行する航空機の航空交通管制業務を行う。例え

ば、飛行場を離発着する空域内の航空機に対する責任航空局は、その飛行場
管制所（タワー）が責任航空局となる。

(4)　交通情報航空局

　　国土交通大臣が、航空交通量の少ない飛行場及びその周辺の空域を「航空
交通情報圏」として指定し、当該空域において計器飛行方式で航行する航空
機は、当該空域の他の航空機の情報を聴守すること、また、曲技飛行や操縦
訓練飛行等を行う空域においても、「民間訓練試験空域」として指定し、当該
空域において曲技飛行等を行う航空機は、当該空域の他の航空機の情報を聴
守することを義務づけている。当該空域におけるこれらの情報を提供する、
あるいは通信をする航空局を電波法令では「交通情報航空局」と呼んでいる。

(5)　航空固定局（Aeronautical Fixed Station）

　　航空固定局は航空機局と直接交信する航空局とは異なり、一般にその航空
局に隣接して設置され、航空機の目的地などの遠隔地にある他の航空固定局
との間で飛行の安全に関する情報を送受する航空固定業務を行う局（Sta-
tion）である。

　　各国の航空固定局を接続する世界的な航空固定通信ネットワーク（AFTN）
は、海底ケーブルなどの有線系やマイクロウェーブ、衛星通信などの無線系
の専用回線で構成されていることから、ICAO 第10附属書では、航空固定局
（Aeronautical Fixed Station）は、特定地点間の無線と有線の両方の電気通
信業務を行う電気通信局（Telecommunication Station）と定めている。

(6)　航空地球局と航空機地球局

　　航空機の移動局と地上の無線局とが人工衛星（例、インマルサット通信衛
星）を介して通信する場合、その伝送系上での通信信号はその人工衛星局で
一旦受信して別の周波数信号で地球上の相手局に中継操作を行うことから、
地球の表面上又は大気圏内で電波を直接送受信する通常の無線通信方式とは
明確に区分けして無線局の種別を規定している。

　　無線通信規則では、航空機に設置された衛星通信を行う無線局の名称を
「航空機地球局（Aircraft Earth Station）」と、また、その通信衛星と交信す

る地上の局を「航空地球局（Aeronautical Earth Station）」と定義している。この定義を受けて、電波法令では「人工衛星局の中継により通信を行う航空機に開設する無線局を航空機地球局、陸上に開設するものを航空地球局とし、両局間で行う無線通信業務を航空移動衛星業務という。」と定義している。

⑺　電気通信業務用無線局

電気通信業務用の無線局は、電波法関係省令の「無線局の開設の根本的基準」で規定しているように電気通信事業者が電気通信サービス（役務）を提供するために開設する無線局をいう。IMSO（国際移動通信衛星機構）条約では、その署名当事者である電気通信事業者（日本の場合は KDDI㈱）が衛星通信サービスを提供することとなっているため、我が国では同社が「電気通信業務用の航空地球局と航空機地球局」の免許人となって電気通信サービスを提供することとなっている。この点、地上系の航空移動業務の航空機局免許が航空機を運航する機関若しくは航空会社名義の免許であるのに対し、インマルサットの衛星通信では航空会社が国際電気通信事業者から衛星通信サービスを受けるという形態となるため、航空移動衛星業務の航空機地球局は電気通信事業者名義の無線局免許となっている。

⑻　無線航行局（無線航行陸上局）

この局は、航行中の航空機及び船舶に対し無線航行のための無線測位業務を行いその航行を援助する無線局をいう。このうち移動しない局を無線航行陸上局、車両に搭載して移動するものを無線航行移動局と呼んでいる。

この種の無線局免許を受ける地上の無線設備は、無線航法援助施設（VOR、DME 等）、航空管制用レーダー（ARSR、ASR 等）、着陸用援助施設（ILS、GCA 等）などである。我が国ではこれら民間航空用の地上無線援助施設は、国土交通省（一部は防衛省）によって設置され、運用及び保守点検が行われている。

5　無線通信業務の分類

ITU 無線通信規則では、無線通信業務を固定業務、移動業務に分けた上で、

放送業務、無線測位業務、アマチュア業務などのように電波の利用別に分類し、
移動業務はさらに航空、海上、陸上に細分している。

(1)　無線通信業務の分類

　　電波法施行規則（第3条）に記載されている無線通信業務の分類とその業
務に対応する無線局は次に示すとおり。

無線通信業務の分類とその業務に対応する無線局

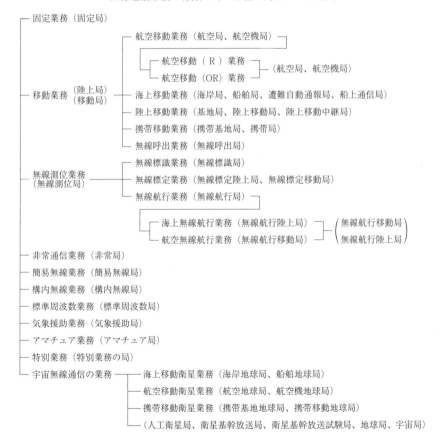

〔注〕上記は、通信系の業務種別とその局名を示したものである。放送業務等は省略し
　　ている。

(2) 航空移動業務

　無線通信規則は、航空機局と航空局との間及び航空機局相互間の移動通信で航空機の遭難・緊急通信、航空機の安全飛行と正常運航に関する通報やデータを取り扱う無線通信業務を航空移動業務と定めている。さらにこの業務を次の二つに分類している。

① 航空移動(R)業務

　この(R)業務は、国際又は国内の主要航空路線の飛行経路に沿って航行する航空機の安全及び正常な運航のための無線通信業務であり、"R"は航空路（Route）を意味する。

　この(R)業務には、近距離通信用に超短波（VHF）、洋上飛行などの遠距離通信用に短波（HF）の周波数バンドが割り当てられている。ICAOの国際標準方式として取り扱われる航空移動通信はこの(R)業務の無線通信である。

　すなわち、定期航空運送事業を営む航空会社の航空機は、ICAO条約の国際標準方式によって設定された国際航空路の飛行経路と、その方式に準拠した国内の飛行経路を飛行することが定められており、これら飛行経路に沿って地上の主要箇所には無線航法援助施設（VOR/DME、VORTAC等）が配備され、航空移動(R)業務の無線通信サービスが実施されている。

　航空交通機関は、IFR(計器飛行方式)航空機に対し空港からの出発経路、巡航する航空路、空港への進入経路の指定を行い、航空機が常に一定間隔で安全に飛行経路を飛行するように管制業務を行っている。このATS機関の航空局は、航空管制業務を行うために航空機局と航空移動(R)業務用の周波数を使用する。

② 航空移動(OR)業務

　この航空移動(OR)業務は、主として国内又は国際の民間航空路以外を飛行する航空機局と地上の航空局との無線通信業務をいい、"OR"は航空路外（Out of Route）を意味する。

　この無線通信規則の条文通りの解釈で「民間航空路線の経路を飛行しな

い航空機」としては軍用機や海上保安庁の遭難・捜索用航空機や警察、消防などの公共機関所属の航空機、あるいは航空写真、航空測量、農薬散布、遊覧飛行等の民間航空機などが一応該当するが、民間航空機の多くは航空交通管制業務が行われている空港や航空管制空域を飛行することとなるので航空移動(OR)業務用の無線周波数のほかに航空移動(R)業務の周波数を利用する。軍用機や政府専用機などは、航空移動(R)業務用の他に航空移動(OR)業務用の周波数も使用できるように装備している。

(3)　**航空移動衛星業務**

無線通信規則では、航空移動衛星業務は「移動地球局が航空機上にあるときの移動衛星業務」とし、航空移動衛星(R)業務は、「主として国内民間航空路又は国際民間航空路に沿った安全及び正常な飛行に関する通信のために留保する航空移動衛星業務」と定義している。

電波法令では、航空移動衛星業務とは「航空機地球局と航空地球局との間、又は航空機地球局相互間の衛星通信の業務」と定義している。

(4)　**航空無線航行業務**（Aeronautical Radio Navigation Service）

航空無線航行業務とは、航空機の無線航行のためにその位置や方向を決定する業務あるいは飛行の障害物の探知を行い航空機の安全飛行のための無線測位業務をいう。この場合の無線測位業務とは、電波伝搬の特性を利用して航行中の航空機の位置、速度あるいは位置算定に必要なデータを入手する業務をいう。

無線通信規則では、電波伝搬の特性を考慮して航空機に装備する無線航法システム機器あるいは無線航法援助施設、航空管制用レーダーや着陸用無線援助施設として地上に設置される具体的な機種に対して航空無線航行業務用の周波数バンドを分配している。一例として、VOR（超短波全方向式無線標識：VHF Omni-directional Range）設備に対しては、航空無線航行業務用として「108 - 117.975 MHz」の周波数バンドを世界共通として分配している。

⑸ 国際航空電気通信業務

（International Aeronautical Telecommunication Service）

ICAO 条約第10附属書「航空通信」では「国際航空電気通信業務」の用語が使用されており、ここでの「電気通信業務」は有線と無線の区分なしに両方を含むものとして使用されている。この国際航空電気通信業務は、国際民間航空の安全、秩序及び効率のために必要な電気通信（注1）及び無線航行援助を確保することをその目的とし、この業務を次の四つに区分している。

① 航空固定業務（Aeronautical Fixed Service）

② 航空移動業務（Aeronautical Mobile Service）

③ 航空無線航行業務（Aeronautical Radio Navigation Service）

④ 航空放送業務（Aeronautical Broadcasting Service）（注2）

（注1）「電気通信」の定義：有線、無線、光線その他の電磁的方式によるすべての種類の記号、信号、文言、影像、音響又は情報のすべての伝送、発射又は受信をいう。（ITU 憲章、無線通信規則、国際電気通信規則）

（注2）④の航空放送業務は、ICAO 独自の通信業務の名称であり、ITU 無線通信規則では航空移動業務の範疇に含まれる。

第３章　航空通信の無線周波数

　電波法では、「電波とは、300万メガヘルツ（3000GHz、波長0.1mm）以下の周波数の電磁波をいう」と定義している。

　国際電気通信連合憲章と条約は、無線通信を「電波による電気通信」と定義し、無線通信の利用について、憲章と条約を補足する業務規則として「無線通信規則（Radio Regulations）」を定めている。

1　無線周波数の分配と割当て

　無線通信規則（第5条）では、無線周波数の8.3kHzから3000GHz（ギガヘルツ）までの周波数帯を適当なバンド幅に分割し、無線通信業務の種類別のバンド幅を三つの地域別に分配している。

　地域の分割は、世界全域をほぼ均一に３等分になるように分割し緯度、経度で区分されている。無線局に対する周波数の割当ては、この無線通信規則の周波数分配の原則に基づいて、各国の電気通信主管庁が行う自国の無線局の免許手続きの中で行われる。

(1)　周波数の分配（Allocation）

　無線周波数の分配の大きな特徴は、世界的なレベルでの電波需要を考慮して無線通信の種類別に無線周波数の帯域幅（Radio Frequency Band）を分配する方式をとっている。民間航空通信の分野では、航空機の安全飛行と運

航管理に係わる無線通信業務として次の業務と無線局を定めている。

〔無線通信業務〕　　　　　〔無線局〕

・航空移動（R）業務　　　　航空機局、航空局

・航空無線航行業務　　　　航空機局、無線航行陸上局、無線標識局

・航空移動衛星（R）業務　　航空機地球局、航空地球局

・航空無線航行衛星業務（注）航空機地球局、宇宙局

　（注）我が国の電波法上では、まだ設定されていない。

(2)　無線周波数の地域分配（Allotment）

　世界を次の三つの地域に区分した上で無線通信業務の種別に周波数の地域分配（Allotment）を行っている。区分された地域（Region）の境界線は、緯度・経度の数値（図3−1参照）で表示されている。その地域区分の概略は次のとおり。

・第一地域：欧州、中近東、アフリカ大陸とロシア全域。

・第二地域：アラスカ、北米、中米、南米大陸。

・第三地域：極東（日本を含む）、中国、東南アジア、豪州、インド大陸。

図3−1　無線周波数の地域分配

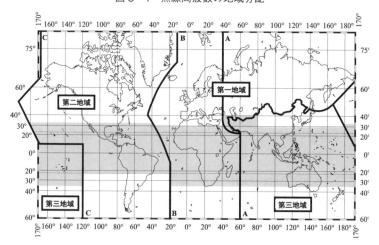

表3-1　無線通信業務に対する分配表（抜粋）

［例-1］5366.5　-　5680kHz

第一地域	第二地域	第三地域
5366.5　-　5450　　　固定 移動（航空移動を除く。）		
5450　-　5480 固定 航空移動（OR） 陸上移動	5450　-　5480 航空移動（R）	5450　-　5480 固定 航空移動（OR） 陸上移動
5480　-　5680　　航空移動（R）		

［例-2］108　-　137.025MHz

第一地域	第二地域	第三地域
108　-　117.975　　　航空無線航行		
117.975　-　137　　　航空移動（R）		
137　-　137.025　　　宇宙運用（宇宙から地球） 気象衛星（宇宙から地球） 移動衛星（宇宙から地球） 宇宙研究（宇宙から地球） 固定 移動（航空移動（R）を除く。）		

（注）例1の航空移動（R）業務の周波数（5480〜5680kHz）は、HFの航空管制電話と
　　　オペレーションコントロール（OPECON）に使用されているが、5450-5480kHz帯
　　　は世界的に統一されていないことを示す。
　　　例2に示す周波数帯及び無線通信業務は、世界的に統一されているが、アンダーラ
　　　インで表示する固定業務と移動業務には、二次業務として使用できることを示す。

(3)　無線周波数の割当て（Assignment）

　　無線通信業務別の無線局に対する無線周波数の割当ては、その無線局免許
の交付と共に行われる。特に、外国航空路を飛行する航空機局は世界各国の
地上局と交信すること、また、国内の無線航行陸上局や無線標識局は外国か

ら飛来してきた航空機も使用することから、各国の主管庁は、世界共通の周波数を割り当てることが必要となる。

2 航空移動業務の周波数

無線通信規則では、航空移動業務の周波数帯は航空局と航空機局との間、あるいは航空機局相互間で主として飛行の安全と正常な運航についての移動通信を行うためのものと規定している。

この周波数帯は、第2章−5でも述べたとおりさらに航空移動（R）と航空移動（OR）の二つの業務に分けて分配されており、ICAOが航空交通機関と航空機との間の移動通信の国際標準化方式を定めているのはこの航空移動（R）業務である。

(1) 航空移動（R）業務の周波数

この航空移動（R）業務が提供される民間航空路は、元来、航空運送事業を行う民間航空会社の旅客機や貨物専用機が、安全な飛行を確保するためにICAOの国際基準に基づいて各国の民間航空機関が設定してきたものあるが、この航空路は航空運送事業の民間航空機のみならず国の機関に属する政府専用機、軍用機、自治体所属の航空機、自家用機等のすべての航空機が航空交通管制機関のクリアランスを得て飛行できるようになっている。

それ故、この民間航空路上では、すべての航空機は指定された航空移動（R）業務用の周波数で地上の航空交通管制（ATC）機関と安全飛行のための通信を行うことが義務づけられている。

(2) 航空移動（OR）業務の周波数

（OR）業務の周波数は、民間航空路以外を飛行する航空機局が、航空局との交信に使用する周波数バンドであり、国際間での調整は行われず、国別に周波数の分配計画が作成されている。

ここで民間航空路以外を飛行する航空機とは、非常に曖昧な表現であるが、ICAOの国際標準と勧告方式の適用を受けない空域（飛行経路）を飛行する航空機である。

(3)　航空移動（R）業務の HF 周波数

　　短波（3-30MHz）による遠距離通信は、電離層（F 層）に反射する電波
伝搬を利用することから、太陽黒点の増減、四季（夏と冬）、昼夜等の影響
を強く受けるため、航空機が地上の航空交通業務（ATS）機関と常時、安定
した HF による遠距離通信を確保するためには、短波（HF）帯全域の中で
周波数の異なる 2 ないし 3 波の無線チャネルを事前に準備し、最適のものを
使用する通信方式をとっている。

①　HF 周波数バンドの分配

　　無線通信規則では、航空移動（R）業務のための短波（HF）は、短波
帯域幅の全域に渡って次の通り分配されている。なお、通信方式は、単側
波帯（SSB：Single Side Band）通信方式で、周波数間隔は 3 kHz であり、
無線機を 1 kHz ステップでセットする。

表 3-2　航空移動（R）業務用 HF 周波数帯（2850-22000kHz）

2850 – 3025kHz	10005 – 10100kHz
3400 – 3500	11275 – 11400
4650 – 4700	13260 – 13360
5480 – 5680	17900 – 17970
6525 – 6685	21924 – 22000
8815 – 8965	

　　また、航空輸送量の増加に対処するため、日本では平成17年 6 月から運
航管理通信等の無線データ伝送のもの（J 2 D 電波22MHz 以下の（R）業
務用周波数）が可能となっている。

② 主要世界航空路区域（MWARA：Major World Air Route Areas）

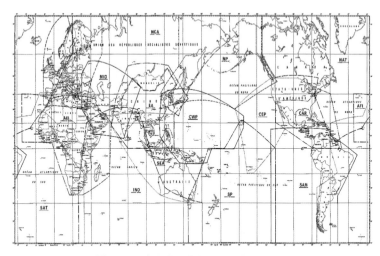

図3-2　主要世界航空路区域（MWARA）

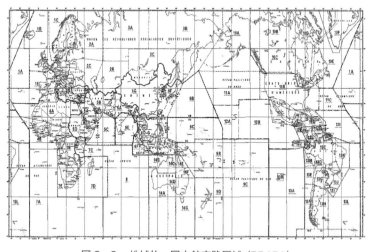

図3-3　地域的・国内航空路区域（RDARA）

図3-2・図3-3　出典：総務省ホームページ（周波数割当）

　この "MWARA" は、航空移動（R）業務専用の HF 帯周波数を世界の主要な航空路上を飛行する航空交通業務の通信（ATC）に使用するために世界の国際航空路を15の区域に区分したものであり、さらに地域や国内の航空路も地域・国内航空路区域（RDARA：Regional and Domestic Air Route Area）に区分している。

　それぞれの区域を飛行する航空機は、年間を通して昼夜の別にどの位置からも地上の航空交通管制機関（航空局）と交信できるように表3-1の各周波数バンドから選定した特定周波数の一群が割り当てられている。

（注）　この HF 無線電話に使用する周波数は、無線通信規則付録第27号（1983年2月1日発効）により、世界の国際航空路を15の主要世界航空路区域（MWARA）に区分されており、地域や国内の航空路も地域的・国内航空路区域（RDARA）に区分され、その各々について周波数が決められている。このほか、世界の国際航空路における気象情報の提供区域についても、航空気象区域（VOLMET）に区分されており、その各々について周波数が決められている。

①　HF 周波数の指定

　　航空機が使用する HF の周波数は、その航空機が飛行する地域に分配されている HF 周波数グループの中から最適な周波数が選定される。我が国の福岡飛行情報区（FIR）で使用できる HF 周波数は次のとおり。

表3-3　(1)　北太平洋（NP：North Pacific）地区

		10048kHz	東京（*）
2932kHz	東京（*）	11330	東京（*）
5628	東京（*）	13273	東京（**）
6655	東京（*）	17904	東京（*）
8951	東京（*）	17946	東京（*）
		21925	東京（*）

（*）　東京以外に米国のアンカレッジとホノルルにも分配。
（**）　東京以外にホノルルにも分配。

表3-3 (2) 中西太平洋（CWP：Central West Pacific）地区

2998kHz	東京（＊1）	8903kHz	東京（＊3）
3455	東京	11384	東京（＊4）
4666	東京（＊2）	13300	東京（＊3）
6532	東京（＊3）	17904	東京（＊5）

（＊1）グアム、ホノルル、マニラ、ポートモレスビー、ソウル
（＊2）ホノルル
（＊3）グアム、香港、ホノルル、マニラ、ポートモレスビー、台北
（＊4）グアム、ホノルル
（＊5）グアム、ホノルル、マニラ

(4) 航空移動（R）業務のVHF周波数

超短波（VHF）は、現在の民間航空の無線通信業務で最も重要な周波数であり、航空移動（R）業務では航空交通業務の航空交通通信（ATC）、運航管理通信（AOC）、航空業務通信（AAC）に用いられている。

① 航空移動（R）業務のVHF周波数帯域幅

無線通信規則では、航空移動（R）業務用のVHFバンドは、表3-1（「例-2」）に示したとおり、第一地域-第三地域の世界共通で117.975-137.000MHzが分配されている。なお、チャネル表示では、118.000-136.975MHz（表3-4参照）となっている。

周波数間隔は25kHzであるが、欧州において、周波数不足解消するためにチャンネル間隔8.33kHzが導入された。日本も準備を進めている。

② ICAO第10附属書のVHFの分配

ICAOの第10附属書「航空通信」では、航空移動（R）業務のVHF周波数は、その使用目的別に表3-4のブロックに分けられている。

③ VHF空地データリンク用の周波数

航空移動（R）業務用の周波数は、その殆どが音声通信に使用されているが、表3-5に示す周波数は、航空管理通信のデータ通信に使用されている。

表 3 - 4　航空移動（R）業務の VHF 周波数帯の分配

周波数ブロック	航空移動（R）業務の内容
118　－　121.4MHz	国際及び国内航空移動業務
121.5	緊急通信
121.6　－　121.975	国際及び国内飛行場内通信
122　－　123.05	国内航空移動業務
123.1	捜索及び救難通信
123.15　－　123.675	国内航空移動業務
123.7　－　129.675	国際及び国内航空移動業務
129.7　－　130.875	国内航空移動業務
130.9　－　136.975	国際及び国内航空移動業務

表 3 - 5　空地データ通信用 VHF 周波数

VHF 周波数	適　用　地　域	システム運営組織
129.125 MHz	北　米	ARINC
130.025	北　米	ARINC
131.450	日　本	アビコムジャパン社
131.475	カナダ大陸内	エア・カナダ社
131.525	欧　州	SITA
131.550	北　米	ARINC
131.550	アジア・太平洋	SITA
131.725	欧　州	SITA
131.825	欧　州	SITA

④　航空局と航空機局に対する無線周波数の割り当て

　航空局に対する航空移動（R）業務の周波数は、その無線局開設の目的に応じて使用できる周波数が割り当てられるが、航空機局はその機上装備の各種無線設備のすべての無線チャネルが使用できるようになっている。例えば、航空移動（R）業務の VHF 受信機を装備した航空機は、118-137 MHz 帯のすべてのチャネルを使用できる。

3　航空無線航行業務の周波数

　無線通信規則では、先に述べた航空機局と航空局との空地間で音声やデータ
通信を行う航空移動業務のほかに、航空機の無線航法に必要な航空無線航行業
務用の周波数バンドを分配している。(表3－6参照)

⑴　航空無線航行業務の周波数分配

　　電波の伝搬特性を用いて航行中の航空機自身が自機の位置、方位を測定す
る業務や航行中の航空機に対し地上から電波を発射してその電波の発射位置
からの方向、方位を航空機自身に決定させるための業務を航空無線航行業務
といい、この業務に必要な周波数バンドを分配している。

⑵　航空無線航行業務の無線局

　　航空無線航行業務用の周波数が割り当てられる無線局は次のとおり。

　①　無線標識局

　　　無線標識局とは、航空機に対し電波を発射し、その発射地点からの方向
や方位をその航空機に決定させる局をいい、NDB、VOR、ILS のマーカビー
コンが該当する。

　②　無線航行陸上局

　　　無線航行陸上局とは、航行中の航空機が自機の位置又は方向を決定でき
るように電波を発射する局、あるいは障害物の探知のための無線航行業務
を行う局をいい、ILS のローカライザー及びグライドパスや各種監視レー
ダーのように移動中の使用を目的としない地上設備がこれに該当する。

　③　航空機局

　　　航空機局の無線設備には、地上の航空局、他の航空機局との音声通信、
及びデータ通信を行う通信機器のほかに、機上の気象レーダー、ATC ト
ランスポンダ、電波高度計等の無線航法機器も含まれる。ただし、対人工
衛星局との通信機器設備は含まれない。

⑶　ICAO の国際基準と勧告方式との関係

　　航空無線航行業務の地上無線設備は、ICAO では無線航法援助施設と呼ん
でいる。無線通信規則は、表3－6のように個々の無線航法援助施設に対し

周波数の分配と指定を行っており、ICAOはこのITUの無線通信規則に基づいて各施設の設備基準と技術仕様の明細をICAO条約第10附属書の中で定めている。そして、我が国では、これら技術基準の明細は電波法とその無線設備規則等に反映されている。

表3-6　航空無線航行業務の周波数バンド

	周波数帯			無線航法機器
LF	190	-	285kHz	NDB　第二、三地域のみ
MF	325	-	335kHz	NDB　第一、二、三地域共通
	335	-	405	NDB　第二地域のみ
	415	-	435	NDB　第一地域のみ
VHF	74.8	-	75.2MHz	マーカ・ビーコン
	108	-	117.975	ILS（ロカライザ）
UHF	328.6	-	335.4MHz	ILS（グライドパス）
	960	-	1215	DME、TACAN
	1030			SSR、ORSR、ACAS
	1090			ATCトランスポンダ（機上設備）
	1300	-	1350	ARSR（航空路監視レーダー）
	2700	-	2900	ASR（空港監視レーダー）
SHF	4200	-	4400MHz	電波高度計、トランスポンダC
	5000	-	5250	MLS
	5350	-	5460	航空機搭載レーダー／ビーコン
	8750	-	8850	航空機搭載ドップラレーダー
	9000	-	9200	PAR
	9300	-	9500	航空機搭載気象レーダー
	13.25	-	13.4GHz	ドップラレーダー
	24.25	-	25.25	ASDE（空港面探知レーダー）

4　航空移動衛星（R）業務の周波数

通信衛星を経由する航空移動衛星（R）業務の周波数帯は、1971年の世界無線主管庁会議ではじめて航空と海上の移動衛星業務に対し、Lバンドの周波数

帯を分配したが、その後、陸上移動で衛星通信を利用するという需要予測が急増し、1987年のジュネーブで開催されたITUの「移動業務に関する世界無線主管庁会議」において分配表の見直しが行われ、現行の分配表が作成されている。

(1) 航空移動衛星（R）業務の周波数バンド

航空機の安全飛行と運航管理のための空地間の通信を通信衛星経由で確保するために必要な航空移動衛星（R）業務のための周波数バンドは次のとおり。

①宇宙から地球：1545-1555 MHz （10MHz）

②地球から宇宙：1646.5-1656.5 MHz （10MHz）

(2) その他の衛星業務について

無線通信規則では航空移動衛星（OR）業務に対しては特に周波数バンドの分配は行っていない。また、衛星系の航空無線航行業務に相当する業務は特に航空には限定することなく「無線航行衛星業務」あるいは「無線測位衛星業務」として周波数を分配している。

5　航空公衆通信システムの周波数

ITUは、地上系の航空機公衆通信システムに対して世界的規模で同一の無線周波数バンドを分配していなかったが、1992年の世界無線通信主管庁会議（マラガ・トレモリノス）で地上系についても世界的な周波数バンドを分配するようにした。

(1) 世界共通の地上系航空公衆通信システムの周波数

1992年の世界無線通信主管庁会議で採択された世界共通の地上系の航空公衆通信のための航空移動（R）業務用周波数バンドは次の通り。

①地上（航空局）から航空機局：1670-1675 MHz

②航空機局から地上（航空局）：1800-1805 MHz

(2) 世界共通の衛星系航空公衆通信システムの周波数

無線通信規則は、航空移動衛星（R）業務では航空機地球局が扱う安全のための通信を優先とし、公衆通信を最下位順位で取扱うことを条件に同一周波数バンド内で公衆通信の取扱いをできるようにした。（上記4 −(1)参照）

6　空港内陸上移動通信システムの周波数

　航空機の運航とは別に、空港内の地上作業のために必要な陸上移動通信システムには陸上移動業務の周波数を使用する。無線通信規則では陸上移動業務の周波数帯は世界的に統一しておらず、各国とも、異なる周波数を使用している。空港の規模により2種類のシステムが構築されており、我が国の場合は次の周波数が割り当てられている。

(1)　小規模な空港での陸上移動通信システム

　空港毎に航空会社が自社名義の無線局免許を取得し、自営の陸上移動通信システムを設置する。この場合の通信方式は1周波単信方式（送信と受信が同じ周波数で交互に通話する方式）の無線電話が一般的である。

・使用周波数：222-399.9 MHz 帯の中の1波の割当て

(2)　空港用マルチ・チャネルアクセス（MCA）システム

　大規模空港では、空港用 MCA システムを導入している。このシステムの特徴は、複数の無線チャネルを共用して使用する陸上移動通信システムである。使用する周波数バンドは国際的に統一されておらず、我が国では、成田、羽田、関西、那覇空港に導入している。周波数帯は次のとおりである。

　① 　空港 MCA 移動局用：830-832 MHz

　　　空港 MCA 基地局用：885-887 MHz

(3)　デジタル空港無線通信システム

　近年の航空業務の増大、通信需要の増加に伴い、円滑な通信を確保するためため、周波数の利用効率が優れ、データ通信・画像伝送などを可能とするデジタル方式の移動通信システムが2003年10月から導入されている。

　周波数帯は、次のとおりである。

　① 　デジタル空港無線陸上移動局用（時分割多元接続方式：TDMA）

　　　　　　　　　　　　　　　　　　　　　　：415.5-417.5MHz

　② 　デジタル空港無線基地局用（時分割多重方式：TDM）

　　　　　　　　　　　　　　　　　　　　　　：460-462MHz

第4章　航空機の種類と無線局免許

1945年に現在のICAO体制が発足するとともに、その翌年に米英の2か国は、ICAO条約に基づく国際民間航空運送に関する2か国間の米英航空協定（別名バーミュダ協定）を締結し、大西洋横断の2か国間の国際定期航空路を開設した。それ以降、ICAO加盟の各国はこの英米2か国航空協定をモデルとして次々に2か国間の航空協定を締結し、世界各地で国際航空路線を開設し現在の国際航空路線のネットワークを構築していった。

1　大型旅客機の歴史

ICAO発足と共に再開した国際民間航空は、米国主導の下で第2次世界大戦中の軍用輸送機を改装した航空機で運航を開始した。10年余はプロペラ機の時代であったが、1958年に入って民間航空は安定したジェット機時代を迎えることとなった。

(1)　プロペラ機の時代

1950年代のICAO発足間もない頃の代表的な旅客機としては、米国ダグラス社製の双発エンジンのダグラス社製DC-3型機があげられる。この航空機は、第2次世界大戦中には米軍の輸送機（C-47）に改装して使用されるなど、世界的に1万機以上生産された最も安定した航空機であった。日本でも戦前から使用し、戦後は国内線用の民間航空機（搭乗人員24名程度、時

速300km）として使用した。一方、航空機製造の先進国であった米国は、戦時中の1942年にダグラス社製の4発エンジンのDC-4型の大型旅客機（搭乗人数40数名）を就航させ、翌年にはロッキード社のコンステレーション機やDC-6B型機（旅客数60数名）へと大型化と長距離化への開発が進められた。このDC-6B型機は、後に日本航空㈱が初めて国際路線に就航させた当時の大型旅客機であり、高高度の飛行が可能な機体機密を装備した当時の最新鋭機の一つであった。この航空機は、東京-アンカレッジ-北欧都市の北極ルート経由の航空路や東京-サンフランシスコの太平洋横断コースに就航している。

しかし、太平洋路線では、途中ウェーキ島とホノルルの2か所、あるいは北極ルートではアンカレッジでの給油を必要とする飛行でもあった。当時の洋上の航空路や砂漠地帯等の航空路上では、地上の無線航法援助施設が十分でなく、パイロットはHFの無線電話を使用し、コクピットには専任の航空士（Navigator）が乗務してロランによる無線航法や六分儀による天測航法による位置確認が必要であった。コクピットの運航乗務員は、機長、副操縦士、航空機関士、航空士の4人体制であった。

(2) ジェット機時代の開幕（第1世代）

ジェット旅客機の就航は、英国が1950年に米国に先駆けて英デハビランド社開発のコメット機を使用して華麗なスタートをきったが、間もなくして機体欠陥によるものと思われる連続事故が発生し、原因不明のまま就航を全面的に中断し原因究明の作業に入った。結果的にその事故原因は、ジェット機特有の高々度飛行をしても「客室内の快適さ」を保つための与圧とその与圧の繰り返しによる機体の金属疲労による破壊であった。

このようにジェット機時代の幕開けは、一度は挫折し、その後数年の技術上の問題を克服しての再出発であった。そして、米国は1958年にボーイング社が軍用ジェット機を民間用に改装したB707型ジェット旅客機、同じ時期にダグラス社もDC-8型機のジェット機を開発、製造した。

一方、英国も長期にわたり事故原因の究明を行い、機体構造を改良したコ

メットⅣ型機を完成させた。そして、1958年10月に米英2大国を代表する航空会社2社が威信をかけて大西洋路線に当時の大型ジェット機を就航させた。米国は、当時のパンアメリカン航空が米国ボーイング社開発のB707型機を、英国海外航空（現在のBA社）は事故後の再起をかけてコメットⅣ型機を登場させて安定したジェット機時代の幕開けを迎えた。

　我が国は、これより2年遅れた1960年に日本航空㈱が太平洋路線にダグラス社のDC-8型機を投入した。ジェット旅客機の就航は、太平洋路線も東京－ホノルル間が直行便となり、時速800キロ、乗客数も2倍の120名となった。この頃より、洋上飛行の航空機には従来のロラン等の航行援助施設を必要としないドップラ航法とか慣性航法の自立航法システムが装備されるようになり、専任の航空士の乗務がなくなり、コクピットは3人体制となった。

　また、エンジンの性能も一段と改良され航空機の航続距離も飛躍的に延びていった。DC-8型機でも当初の機体を長く改装し、230名の旅客を運べるようになり、太平洋路線では東京－ホノルル間を7-8時間で飛行する直行便が可能となった。また、1962年には、我が国では第2次大戦後の初の国産のプロペラ機YS-11型機が就航し、航空機の開発、製造の分野でも世界の仲間入りを果している。

(3)　**短距離用ジェット機の就航（第2世代）**

　1965年に入ると従来から就航していた数多くの中距離用プロペラ機が、ジェット機に代わる時代になり、DC-9型機、B727、B737型機が続々と開発され、市場に導入されていった。このうちB727型機は特に性能が高く評価され、世界中に1,000機余が就航していた時期もあった。

　この短中距離用ジェット機の導入により、それまでの双発機や4発の長距離用プロペラ機は、大手の民間航空会社から順次退役することとなった。特に、ジェット機のスピードアップは、航空通信と無線航法の分野でも大きな技術革新をもたらしアビオニクス（航空〔宇宙〕電子工学）の時代へと入っていった。

⑷ ジェット機の大型・広胴化（第3世代）

　その後、1970年代に入り米国に続いて世界的に航空規制緩和の政策がとられ、民間航空業界は航空機の航続距離の増大と機体の大型化が進み大量輸送時代に入っていく。その代表的な航空機が、ボーイング社の開発したジャンボ機といわれるB747型機であった。この航空機は、国際線の長距離用で乗客数350名、航続距離1万キロ以上、国内線の短距離用で乗客数500名以上の大量旅客輸送を可能にした。その後、搭乗旅客数200-300名の輸送を対象とする広胴旅客機として、米国ではダグラス社によりDC-10型機などが開発されてきた。ヨーロッパでも大型輸送機の製造が始まり、エアバス・インダストリー社がエアバスの名称で大型機のA300型機を開発・製造するようになった。

⑸ デジタル機の就航（第4世代）

　1981年に入って就航したボーイング社のB767型機は、操縦機能の自動化とシステム系統の多重化を図り、コクピットにCRTディスプレイを採用し、第4世代の初めてのデジタル機の登場であった。それまでのアナログ機の運航乗務員は、航空機の姿勢、高度、速度を計器で確認しながらフライト・コントロール系、エンジン系、燃料系統、与圧空調系等のシステムからの情報を分析、判断しての操作であり、いわゆる機械装置による操縦方式であった。

　これに対しデジタル機は、計器類を6個のCRTに表示するグラスコクピットと航空機の機器状況などを容易に把握できるエンジン計器・乗員警告システム（EICAS）を搭載して自動化を進めることで、操縦士2人のみで安全な運航が可能となり、運航コストが低減された。このB767型機は、その別称「ハイテク機」とか「デジタル機」と言われるようになり、その後エアバスA320やB747-400型機が登場するようになった。

　我が国では1990年1月にB747-400型機が就航した。従来のものと比較して外観は余り変わらないが、エンジンの性能やデジタル化による燃費効率の向上により、B747-400型機は航続距離12,300kmの代表的な長距離用機として、日本と欧州大陸や米州東海岸の主要都市への直行便の就航を可能とした

画期的な航空機となった。その後、1990年代に入りフライ・バイ・ワイヤ（注）を採用したMD-11、A340、A330、B-777型機等のデジタル新型機が続々と就航するようになり、デジタル機の時代に入っている。

> （注）フライ・バイ・ワイヤ（FBW：Fly-By-Wire）
> 　　　従来の航空機の機械方式による操縦装置と対比して新しいアビオニクス技術による「電気信号方式による飛行」の操縦装置・方式をいう。

(6)　デジタル機の特徴

　デジタル機の特徴は、コクピットパネル表示に初期はCRT、現在はLCD（液晶ディスプレイ）を採用し、ヒューマン・エラーを防止する配慮をしていることである。その一つが民間航空会社では自社のデジタル機と地上で航空機の運航を支援するホスト・コンピュータとの間を無線データの回線で接続し、航空機の飛行データを常時地上で入手、解析して監視することや、必要があれば何時でも地上からパイロットに対しデータ通信による文字でアドバイスができるようになったことである。現在では、コクピットは機長と副操縦士の2名体制（一部の長距離路線は交代要員のパイロットが乗務）へと移行した。アナログ機と比較したデジタル機の特徴は次のとおり。

・2人パイロット制の実現（航空機関士の廃止）
・操縦系統の電子化（航法、飛行姿勢のLCD表示）
・自動操縦機能のEDPプログラム化
・複合材料の使用による機体構造の強化
・操縦室仕様の改善（パイロット動作の省力化）
・自動制御による燃料消費の低減化
・消費燃料の低減化による航続距離の増大
・エンジン騒音の低下（エンジンの自動制御）

2　航空機の種類と統計

　ICAOでは航空機（aircraft）と飛行機（aeroplane）の二つの用語を使い分けている。即ち、航空機とは飛行機（aeroplane）のほかに気球、飛行船やグ

ライダなどを含むとしている。そして、飛行機（aeroplane）とは、「空気力学的な作用を利用し動力で推進する航空機」と狭義の定義をしている。

(1) 航空機の定義と分類

我が国においては、航空法の定義（第2条）で「航空機とは、人が乗って航空の用に供することができる飛行機、回転翼航空機、滑空機、飛行船その他政令で定める機器をいう」と定めている。即ち、スカイ・スポーツとして広く一般に親しまれているパラプレーンやウルトラ・ライトプレーンやハング・グライダなどは航空機の範疇から外れている。

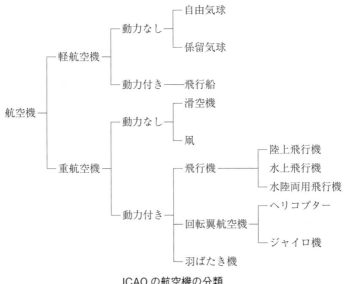

ICAO の航空機の分類

(2) 航空機の使用区分

ICAO 規則と航空法では、航空機はその所有者個人の用に供する自家用機と他人の需要に応じて使用する事業用航空機とに区分している。そして、事業用航空機は、さらに他人の需要に応じて旅客又は貨物を有償で運ぶ運送事業用と運送以外の仕事を請け負う航空機使用事業用の2種類に分けている。

① 航空運送事業

　航空機を使用して有償で旅客又は貨物を運送する事業をいい、主として定期便を運航する航空運送事業とチャータ便を専門に運航するチャータ会社が該当する。

② 航空機使用事業

　航空機を使用して請負業務を行う事業をいい、この事業としては、農薬散布、航空測量、ニュース取材、写真撮影、遊覧飛行等に航空機を使用する会社、組織、機関等の事業が該当する。

　なお、航空機の大小の区分として、搭載エンジンの基数別（単発、双発、4 発）とか、エンジンの種類別（タービン機、ピストン機）に区分されるほか、航空機の最大離陸重量の数値「5,700kg」を基準にして航空機の大小を区分する方法がとられている。

(3)　航空機の種類と統計等

　航空機は、その国籍を識別するために航空機の登録を義務付けており、一般に統計上、固定翼と回転翼、エンジンの種別、その他（飛行船や滑空機別）に分類して統計がとられている。

① 世界の航空機の統計

　ICAO 加盟国（2019年現在193か国加盟）の民間航空機については、ICAO 事務局が、各加盟国の報告を受けて航空機種別とその機数を集計している。

② 我が国の登録航空機数の推移

　日本の保有機数は、2,857機余で航空輸送力の目安となる 4 発と双発エンジンの大型ターボ・ジェット機の保有数は、2000年で450機、2020年で670となっている。

③ 我が国の国際航空路線と国際線便数

　我が国の空港には、2019年10月現在で60か国・地域の104社の外国航空会社が旅客と貨物の定期便を就航させている。日本を離発着する国際線の就航便数は、我が国の航空会社10社の国際定期便を含めて週約5,638便、

1日平均805便である。

表4-1　日本の登録航空機数の推移

航空機の種類＼（歴年）			2000	2010	2017	2018	2019	2020
飛行機	単発	レシプロ（ピストン）	584	546	490	502	507	502
		ターボ・プロップ	13	24	47	50	41	41
	双発	レシプロ（ピストン）	63	54	56	56	60	59
		ターボ・プロップ	110	112	101	99	94	94
		ターボ・ジェット	290	475	628	651	670	660
	多発	ターボ・ジェット	160	36	13	11	11	10
回転翼航空機		レシプロ（ピストン）	193	181	169	168	160	161
		タービン	764	600	643	657	673	680
飛行船			1	1	1	1	1	1
滑空機			624	667	648	645	649	649
総　数			2,802	2,696	2,796	2,840	2,866	2,857

出典：国土交通省ホームページ　登録航空機の推移抜粋

3　航空機の国籍と登録

　ICAO 条約は、航空機の国籍を明確にするため、各加盟国に対し航空機登録を義務づけている。そして、航空法（第57条）では、航空機には国籍、登録記号及び所有者の名称（又は氏名）を表示することを定めている。

(1)　日本の国籍登録記号

　我が国の航空法では、新規登録の航空機に対しては日本国籍とその登録を証明する航空機登録証明書が発行される。日本国籍とその登録の記号は次の文字で表示される。

　　・日本国籍の記号：装飾体でないローマ字の大文字「JA」。
　　・登　録　記　号：装飾体でないアラビア数字の大文字4字。

⑵　登録記号の区分

　航空機国籍の登録記号（4数字）の最初の数字は、航空機の種類別区分に応じて割り当てる。それ以降の3数字は001から登録を受け付けた順序に従って付与される。

表4-2　我が国の航空機登録記号の区分

登録記号	航空機の区分
0001 － 0999	第3種滑空機
1001 － 1999	特殊な航空機
2001 － 2999	第1種、第2種及動力滑空機
3001 － 3999	レシプロ単発飛行機
4001 － 4999	（同上）
5001 － 5999	レシプロ多発飛行機
6001 － 6999	タービン回転翼航空機
7001 － 7999	レシプロ回転翼航空機
8001 － 8999	ジェット及びターボプロップ飛行機
9001 － 9999	タービン回転翼航空機

　さらなる航空機の増加や更新に備えるべく1997年以降
「JA＋3桁の数字＋アルファベット一つ」もしくは
「JA＋2桁の数字＋アルファベット二つ」のパターンになっている。

4　航空機の無線局とその免許

　ICAO条約締約国の相互間で航空機を運航することに関し、ICAO条約は「その国と特別協定を結ぶか、あるいは別の方法でその国の許可と条件に従わなければ、他国の領空を飛行したりその領域内に着陸してはならない」（第3条C）と定めている。この基本原則は、軍用機、民間機を問わず全ての航空機に適用するとしているが、民間機に対しては「ICAOの国際標準方式とその手続きに基づいて外国機に対する飛行の許可条件を各国の国内法規則で定めること」と規定している。

(1) 航空機装備の無線設備に対する制約条件

ICAO 条約（第30条）は、民間航空機が機上に無線送受信機一式を装備して他国の領空を飛行し、それを使用することについては下記の条件の下でのみ許可されると規定している。

① 無線設備一式は、航空機を登録している国の主管庁の無線局免許を受けていること。

② 無線設備の操作は、飛行する領空の国の通信規制（国内法規則）に従って使用すること。

③ 無線設備の操作は、航空機を登録している国の主管庁が発給する無線従事者としての免許証を有する航空機乗務員に限ること。

(2) 航空機局と航空機地球局の無線局免許

ITU 無線通信規則（ITU-RR）は「航空機上で航空移動業務を行う移動局を航空機局、航空移動衛星業務を行う移動局を航空機地球局」と定義し、その無線局の免許は、その航空機の登録国の主管庁が行うと定めている。

(3) 航空機局の無線航法設備

長距離大型機には、航空移動業務用の VHF と HF 送受信設備一式の他に航空移動衛星業務用の UHF 送受信機、各種の無線航法システム機器を搭載している。機上の無線航法機器は地上系と衛星系のいずれの電波を扱うかによって「航空機局」又は「航空機地球局」の設備として移動業務用の送受信機設備一式と同一の無線局免許で取り扱われる。

5 航空機局の呼出名称

ITU 無線通信規則は、無線局の呼出符号の組み立てについての基本ルールを定めている。航空移動業務を行う航空機局に対しては、三通りのいずれかの方法で識別符号を定めることを規定している。この規定を受けて、ICAO 条約第10附属書は、航空移動業務の無線電話による無線局の呼出名称を次の3型式に定めている。

(1)　呼出名称型式 − A

　航空機の国籍・登録記号と一致する記号とする。さらにこの記号に航空機
の製造社名、または航空機の型式名を前置することができる。この型式では
最初の記号 1 字と最後の記号の少なくとも 2 字に簡略化できる。さらに、最
初の 1 字の代わりに航空機の製造社名又は型式名を使用してもよい。

〔例〕

　　・JA8230　　（JA：日本国籍記号、8230：日本の登録記号）

　　　＜簡略式＞ J30 又は J230

　　・N57826　　（N：米国籍記号、57826：米国の登録記号）

　　　＜簡略式＞ N26又は N826D

　　・Cessna N767DS：（米国セスナ・エアクラフト社製の米国籍機）

　　　＜簡略式＞ Cessna DS 又は Cessna 7 DS

(2)　呼出名称型式 − B

　航空機を運航する機関や航空会社が、事前に無線電話識別名称を ATS 機
関に登録している場合には、その識別名称に航空機登録記号の最後の 4 記号
を付加したもので表される。またこの型式では、登録記号は少なくとも最後
の記号 2 字に簡略できる。

〔例 1〕無線電話識別名称の登録例

　　・日本航空　：Japanair.

　　・全日本空輸：All Nippon.

〔例 2〕呼出名称例

　　・All Nippon 8530　（全日空㈱の登録記号 8530 のジェット機）

　　＜簡略式＞　All Nippon 30

(3)　呼出名称型式 − C

　航空機を運航する機関や航空会社が無線電話識別名称をあらかじめ登録し
ている場合には、その識別名称に便名を付加したもので表される。

〔例〕

　　・Japanair 062　（日本航空㈱の国際線 062便）

・All Nippon 363 （全日空㈱の国内線 363便）

(4) 航空運送事業用航空機局の呼出名称型式

航空運送事業者は、その会社の無線電話識別名称を前もって管制機関に登録しておけば、その定期便に使用する航空機局の呼出名称には前記(3)の型式 –C が使用される。また、その航空機を試験飛行、乗員の訓練飛行等の貨客の運送以外の目的に使用する場合には前記(2)の型式 –B が使用される。

(5) 航空機局呼出名称の一時的変更

航空機のパイロットは飛行中に呼出名称を変更してはならないが、飛行中に類似した呼出名称を使う別の航空機局があり、航空管制官が交信に混乱が生じる恐れがあると判断した場合には、航空管制官の指示により呼出名称を一時的に変更することがある。変更した呼出名称は、別途取り消しの指示があるまで使用しなければならない。

〔例〕

・Japanair 01 （zero one） ⟶ Japanair 01A （zero one alfa）

・Air France 226 （two two six） ⟶ Air France 226D （two two six delta）

(6) 呼出名称の発音

航空管制機関と航空機局との無線電話による通信設定で相手局と自局の呼出名称（Call Sign）は次のように発音する。

① 航空機の国籍・登録記号

各アルファベット文字は、話す人の言語習慣による差異を防ぐため、通常の発音方式でなく付録 1 –(1)の国際発音表記法によって一文字ずつ発音する。数字は一つずつ付録 1 –(2)による。

〔例〕 JA8230 = Juliett Alfa eight two three zero.

N57826 = November five seven eight two six.

② 無線電話識別と航空機製造社名

綴りどおりの通常の読み方での発音とする。

〔例〕 Japanair 405 = Japanair four zero five.

Cessna N767DS = Cessna November seven six seven Delta Sierra.

表4-3 航空会社の無線電話識別名称例（ICAO 型式 -C）

航　空　会　社	呼出名称に使用する会社呼称	エアライン略号	
日本航空㈱	Japanair（ジャパンエア）	JAL	JL
全日本空輸㈱	All Nippon（オールニッポン）	ANA	NH
スカイマーク㈱	Skymark（スカイマーク）	SKY	BC
エアージャパン㈱	Air Japan（エアジャパン）	AJX	NQ
日本トランスオーシャン㈱	JAY Ocean（ジェイオーシャン）	JTA	NU
日本エアコミューター㈱	Commuter（コミュータ）	JAC	JC
アメリカン航空	American（アメリカン）	AAL	AA
エア・カナダ	Air Canada（エアカナダ）	ACA	AC
英国航空	Speed Bird（スピードバード）	BAW	BA
デルタ航空	Delta（デルタ）	DAL	DL
ユナイテッド航空	United（ユーナイテッド）	UAL	UA
カンタス航空	Qantas（カンタス）	QFA	QF
アリタリア航空	Alitalia（アリタリア）	AZA	AZ
エールフランス航空	Air France（エアフランス）	AFR	AF
KLM オランダ航空	KLM（ケーエルエム）	KLM	KL
スイス国際航空	Swiss（スイス）	SWR	LX
スカンジナビア航空	Scandinavian（スカンジナビア）	SAS	SK
ルフトハンザ航空	Lufthansa（ルフトハンザ）	DLH	LH
エア・インディア	Air India（エアインディア）	AIC	AI
中国国際航空	Air China（エアチャイナ）	CCA	CA
チャイナエアライン	Dynasty（ダイナスティ）	CAL	CI
キャセイパシフィック航空	Cathay（キャセイ）	CPA	CX
大韓航空	Korean Air（コリアンエア）	KAL	KE
シンガポール航空	Singapore（シンガポール）	SIA	SQ
タイ国際航空	Thai（タイ）	THA	TG

第 5 章　航空通信の略号と略語

　国際民間航空の分野では、航空交通業務を行う政府機関を主体とする ICAO
と航空運送業務を行う民間航空会社を主体とする IATA（国際航空運送協会）
の二つの国際機関があるが、それぞれが日常使用する略号と略語については両
者の間で必ずしも統一されていない。ICAO の公式文書、マニュアルなどの規
定類、サーキュラなどの配付文書、テレタイプメッセージなどには数多くの略
号（code）と略語（abbreviation）が使用されている。特に、世界各国の都市
や空港の地名、ATS 機関や航空会社の名称、その機関・会社の機能別の部門
名称は、一定の文字数で略号化されているのがその特徴である。
　しかし、地名略号のように ICAO と IATA では全く別々な方式で略号を設
定している場合もあるし、略語についても民間航空のそれぞれの専門分野別
（航空機の運航、整備、空港、営業販売、予約発券、貨物等）に独自の略語が
でき上がっている。

1　ICAO の 4 文字地点略号（4-letter location indicator）

　4 文字地点略号は、航空固定業務（AFS）の役割を担う通信局が設置され
ている地理上の位置と、メッセージトラフィックのルーティングを識別するた
めにアルファベットの 4 文字を構成したものである。そのため、その文字構成
が示すエリアは、領土や飛行情報区（FIR）を示すものではなく、航空固定通

信業務のためのものである。その略号の構成は次のとおり。

(1) **地点略号の4文字構成**

① 最初の2文字

1文字目は、航空固定業務のルーティングエリア（AFSRA：Aeronau-tical Fixed Service Routing Area）を指定し、2文字目は国、領土、又は領域の一部を指定する。

表5-1 ICAO 4文字地点略号の最初の1文字と2文字

1-2文字	地域・国名	1-2文字	地域・国名
A	オーストラリア	P	太平洋
B	グリーンランド、アイスランド	PA	（アラスカ―アメリカ ）
C	カナダ	PH	（ハワイ―アメリカ）
D	西アフリカ	R	西太平洋
E	欧州	RC	（台湾）
ED	（ドイツ）	RJ	（日本）
EH	（オランダ）	RK	（韓国）
F	中央・南アフリカ	RO	（沖縄）
H	北東アフリカ	RP	（フィリピン）
K	アメリカ	S	南アメリカ
L	欧州・地中海	V	印度、北の南東アジア
LE	（スペイン）	VH	（香港）
LF	（フランス）	VT	（タイ国）
LI	（イタリア）	W	インドネシア、マレーシア
N	ニュージーランド、フィジー	WI	（西インドネシア）
O	中近東	WS	（ボルネオ、シンガポール）

② 後半の2文字

地点略号の3-4文字は、国、領土、又はその領域内地点のルーテイングエリアに応じた特定地点を指定する。ただし、"ZZ" の場合を除く。

(2) **地点略号の特別指定**

① 地点略号の後半2文字が "ZZ" の場合

ICAO の4文字地点略号の第3と第4の2文字が "ZZ" で表示される場合は、特定地点を指定する略号でなく、その通信センターからその管轄する関係あて先に配付することを指示する機能略号となる。

表5-2　国内空港の地点略号例（主要空港のみ抜粋）

日 本 の 地 点 略 号 （飛行場）					
RJAA	成田国際	RJGG	中部国際	RJSM	三　沢
RJBB	関西国際	RJKA	奄美	RJSN	新　潟
RJCB	帯　広	RJNF	福　井	RJSS	仙　台
RJCC	新千歳	RJNK	金沢／小松	RJTD	東　京
RJCH	函　館	RJNT	富　山	RJTQ	三宅島
RJCK	釧　路	RJOA	広　島	RJTT	東京国際
RJDC	山口宇部	RJOK	高　知	RJTY	横　田 (USAF)
RJFF	福　岡	RJOM	松　山	ROAH	那　覇
RJFK	鹿児島	RJOO	大阪国際	ROIG	新石垣
RJFM	宮　崎	RJOT	高　松	ROMY	宮　古
RJFO	大　分	RJSA	青　森	RORK	北大東
RJFT	熊　本	RJSF	福　島	RORY	与　論
RJFU	長　崎	RJSK	秋　田	ROYN	与那国島

表5-3(1)　外国のICAO　4文字地点略号例（抜粋）

1st 字	地域・国名	1st 字	地域・国名
A	西ニューギニア、南極大陸	R	極東地域
B	グリーランド		台湾 (RC)、日本 (RJ、RO)、
C	カナダ大陸		韓国 (RK)、フィリピン (RP)
D	中央アフリカ大陸	S	南アメリカ大陸
E	北欧州地域	T	中部大西洋
	イギリス (EG)、ドイツ (ED)、	U	ロシア大陸
	オランダ (EH)、デンマーク (EK) 等	V	インド大陸、東南アジア
F	南アフリカ大陸		インド (VA)、タイ (VT)、
G	西アフリカ大陸		ホンコン (VH)、ベトナム (VV)、
H	東アフリカ大陸		ミヤンマー (VY)、ラオス (VL)
K	アメリカ大陸		スリランカ (VC)、マカオ (VM)
L	南欧州、地中海地域	W	大陸地域を除く東南アジア
	フランス (LF)、イタリア (LI)、		ブルネイ (WB)、インドネシア (WI)
	オーストリア (LO)、ギリシャ (LG) 等		マレーシア (WM)、シンガポール (WS)
M	中央アメリカ大陸		オーストラリア大陸
N	南太平洋、ニュージーランド	Y	中国大陸
O	中近東、インド大陸	Z	中国 (ZB)、モンゴル (ZM)
P	北部・中部太平洋		

〔例〕 "ZZ" を指定した地点略号例

RJZZ（東京）、RKZZ（ソウル）、RCZZ（台北）、VHZZ（香港）、EGZZ（ロンドン）、
LFZZ（パリ）、KDZZ（ワシントン）、WSZZ（シンガポール）、ZBZZ（北京）

表5-3(2)　外国のICAO　4文字地点略号例（抜粋）

1st字	地域・国名	1st字	地域・国名
EGGA	ロンドン（民間航空本部）	PANC	Anchorage 国際空港
EGGG	HEATHROW 空港	PGUM	Guam Agana 国際空港
EGKK	London/Gatwick 空港	PGSN	Saipan 国際空港
EGGN	英国 NOTAM Office	PHNL	Honolulu 国際空港
KCFC	米国 Washington/FAA ATC Systems Command Centre	RCTP	Taipei（台北）国際空港
		RCNN	Tainan（台南）国際空港
KDCA	米国 Washington/National DC.（NOTAM Office）	RKSS	Gimpo（金浦）国際空港
		RKPP	Pusan（釜山）空港
KIAD	Washington/ Dullas 国際空港	RKTT	Taegu（大邸）ACC
KJFK	New York/John F.Kennedy 国際空港	RPLL	Manila Ninoy Aquino 国際空港
KLAX	Los Angeles 国際空港	RPHI	Manila ACC
KLGA	New York/La Guardia 空港		

表5-4　我が国の航空管制区管制センターの地点略号

地 点 略 号 （ACCセンター）			
RJCG	札幌管制部（ACC）	RJTG	東京管制部（ACC）
RJDG	福岡管制部（ACC）	RJBG	神戸管制部（ACC）

（注）　メッセージのあて先略号に使用する場合は、上記の略号に3文字の組織略
号プラス "X" が付加され8文字略号となる。

② 　地点略号 "ZZZZ"

ICAOの4文字地点略号が指定されていない場合には "ZZZZ" の略号が
使用される。フライトプランは、EDP処理されるため、その計画書への
記入にはその送付先（Addressees）を含め、すべて予め定められた一定
字数の略号、略語が使用される。フライトプランの中で目的地の飛行場に、
もしICAOの4文字略号が指定されていない場合には、記入欄（4桁の

文字）には "ZZZZ" の略号を記入する。この略号を通報のあて先欄に使用した場合には、本文欄（Text）冒頭に具体的なあて先名称を記入する。

2　ICAO の 3 文字組織略号

ICAO は、ATS 機関の業務種別の名称と航空会社名を示す 3 文字の略号を定めており、メッセージのあて先、データの処理コード、書類のファイル等の略号として広く使用されている。

(1)　ATS 機関とその関連機関の 3文字略号

ICAO は、ATS 機関とその関連機関に対し、次の 3 文字の略号を定めている。

表 5-5　ICAO　3文字組織略号 – 民間航空事務部門

略号	機関名　業務内容	ORGANIZATIONS AND SERVICES
YAY	民間航空の行政機関	State Civil Aviation Authority
YCY	救難調整本部	Rescue Coordination Centre
YDY	飛行場管理機関	Aerodrome Surveillance Administration
YFY	航空固定（通信）局	Aeronautical Fixed Station
YLY	航空事故調査機関	Aircraft Accident Investigation Administration
YMY	気象機関	Meteorological Service
YNY	国際航空情報機関（ノータムセンター）	International NOTAM Service
YOY	航空情報業務提供機関	Air Navigation Information Service
YSY	無線航行局	Air Navigation Station
YTY	電気通信行政機関	Telecommunication Administration
YWY	軍用飛行管理センター	Military Flight Control Centre.
YXY	軍用業務又は軍機関	Military Service or Organization without index assigned
YYY	その他の官民組織（*）	Organization without index assigned

66

表 5-6　ICAO　3 文字組織略号 – 航空交通業務機関

ZAZ	進入管制所	Approach Control Office
ZBZ	反復飛行計画事務所	Repeative Flight Plan Office
ZEZ	航空情報データベース	Flight Information Data Base
ZGZ	航空交通管制機関一般	Air Traffic Control (in general)
ZOZ	洋上管制機関	Oceanic Air Traffic Control
ZPZ	管制情報機関 （飛行計画書の受理機関）	ATS Reporting Office
ZQZ	航空交通管制部のコンピュータ施設	Area Control Centre Computer Facility
ZRZ	航空交通管制本部	Area Control Centre (ACC)
ZTZ	飛行場管制所	Aerodrome Control Tower
ZUZ	高高度管制部	Upper Area Control Centre
ZZZ	飛行中の航空機（注）	Aircraft in Flight

（注）飛行中の航空機に通報を送信する場合は、通報のあて名欄に "ZZZ" の略号を使用
し、航空機のあて先（コールサイン）は本文の冒頭に記載する。
　特定の 3 文字略号が指定されていない場合に使用する。この略号を通報のあて先
欄に使用した時は、通報本文（Text）の冒頭にあて先機関名を明記すること。

⑵　航空機運航機関の 3 文字略号

　ICAO では航空機を運航する個人、団体、企業を総称して航空機運航機関
（Aircraft operating agency）と総称し、3 文字の略号を定めている。
ICAO 航空路誌：日本版（AIP Japan）には、我が国で航空機を運航する政
府関係機関、自治体、会社、団体組織等の名称とその 3 文字略号が記載され
ている。
　なお、2 文字の略号は、IATA の略号として 3 文字略号と共に広く使用さ
れている。

表 5-7　日本の航空会社の 3 文字と 2 文字略号

略　号		航空会社名	Name of Airlines
ANA	NH	全日本空輸	All Nippon Airways Co.
ANK	EL	エアーニッポン	Air Nippon Co.
APJ	MM	ピーチ・アビエーション	Peach Aviation Co.
JAC	3 X	日本エアコミュータ	Japan Air Commuter Co.
JAL	JL	日本航空	Japan Air Lines Co.
FDA	JH	フジドリームエアラインズ	Fuji Dream Airlines
NCA	KZ	日本貨物航空	Nippon Cargo Airlines Co.
JTA	NU	日本トランスオーシャン航空	Japan Transocean Air Co.
JEX	JC	ジャルエクスプレス	JAL Express Co.
SKY	BC	スカイマークエアラインズ	Skymark Airlines Co.
IBX	FW	IBEX エアラインズ	IBEX Airlines Co.
SFJ	7 G	スターフライヤー	Star Flyer Co.
ADO	HD	エアドゥ	AIRDO Co.
WAJ	DJ	エアアジア・ジャパン	Air Asia Japan Co.
JJP	GK	ジェットスター・ジャパン	Jetstar Japan Co.
SJO	IJ	春秋航空日本	Spring Airlines Japan Co.
SNJ	6 J	ソラシドエア	Solaseed Air Co.
JAC	JC	日本エアーコミュータ	Japan Air Commuter Co.

表 5-8　日本の政府関係機関・新聞社等の 3 文字略号

CAB	国土交通省航空局	ASP	朝日新聞社
CAC	航空大学校	CSP	中日新聞社
ENI	電子航法研究所	MSP	毎日新聞社
MFB	消防庁	SSP	産経新聞社
MPB	警視庁	YSP	読売新聞社
JCG	海上保安庁	GKV	日本学生航空連盟
NAL	宇宙航空研究開発機構	MAJ	三菱航空機
POB	警察庁	SMV	新明和工業
OGB	その他の官公庁		

⑶ **AFTN 通報の名あて人略号（ICAO 8 文字略号）**

　航空固定通信ネットワークを経由して送受信するメッセージの名あて人と発信人の略号は、4 文字の地点略号と 3 文字の略号（ATS 機関、航空機運航機関等）に 1 文字 "X" 又は "O" を付加した 8 文字略号で表示する。

　〔例〕AFTN の 8 文字略語

　　・RJTTZTZX　：東京国際（羽田）空港の飛行場管制所（タワー）
　　・RJAAYAYX　：成田国際空港の国際ノータム事務所
　　・PHNLJALO　：ホノルル国際空港の日本航空運航所
　　・RJTTZPZX　：国際東京空港のフライトプラン受理する機関
　　・RJTGZQZX　：東京管制区管制センター（東京 ACC）
　　・RJAAYSYX　：成田国際空港対空通信局
　　・RJAAJALO　：成田国際空港／日本航空運航所

3　ICAO の航空情報用略語

　民間航空で使用されている略語は、大きく分けて ICAO と IATA の 2 系統に分けられる。ICAO では「航空情報サービスのための略語（Abbreviation for use the Aeronautical Information Service）」（ICAO Doc.8400）として情報文書やデータメッセージで使用頻度の高い用語、単語の略語を定めている。その他、航空気象の分野でも気象情報や気象データの中で数多くの専門用語が略語や略号として使用されている。

⑴ **ノータム（NOTAM）**

　民間航空関係の施設や業務の共用開始、休止、変更などに関する一時的な情報はノータムの書面によって運航関係者に周知徹底される。この情報の内容は、緊急性のあるものは「クラス 1」として専用データ通信回線（CADIN、AFTN）を介して通報され、通常のものは「クラス 2」として書面で各関係先に通知される。

[例] ノータムの例文と略語

037

日光 NDB（JD）の運用開始について

　令和 1 年 9 月 27 日 0800JST から、日光 NDB（JD）が次のとおり運用開始される。

037

Commissioning of Nikko NDB（JD）

　WEF 2300 UTC 26 SEP 2019、Nikko NDB（JD）will be commissioned as follows;

名称 Name	日光 Nikko　　NDB	
周波数 Frequency	389kHz	
出力 Power	50W	
識別符号 ID	JD	
運用時間 Operating hours	24H	
位置 Coordinates	36° 29′ 14″ N/139° 51′ 47″ E	

038

出雲 VOR/DME（XZE）の変更について

　令和 1 年 9 月 7 日 0800JST から、出雲 VOR/DME（XZE）が次のとおり変更される変更部分は矢印（→）及びボールド文字で表示する。

038

Change of Izumo VOR/DME（XZE）

　WEF 2300 UTC 6 SEP 2019、Izumo VOR/DME（XZE）will be changed as follows;

The change portion will be indicated by arrow marks（→）and bold type

名称 Name	出雲 Izumo		VOR/DME（XZE）
周波数 Frequency	Transmits	CH-81X	VOR113.4MHz
	Receives		DME1168MHz
出力 Power	VOR100W DME1.5kW		
識別符号 ID	XZE		
運用時間 Operating hours	24H		
位置 Coordinates	35° 25′ 02″ N/132° 53′ 33″ E		
標高 Elevation	13.6m		

〔英略語の解説〕

・NDB：Non-Directional radio beacon.

・KO：日光 NDB を示す 2 文字識別符号

・ID：Identification（識別、標識）

・WEF：With effect の略語

・SEP：September の略語、月（Month）は全て 3 文字で表示する

・UTC：Coordinated Universal Time

・JST：Japan Standard Time

・XZE：出雲の VOR/DME の 3 識別符号

(2) 航空路誌補足版（AIP Supplement）の例

　関係する世界各国の民間航空当局に通知すべき情報で時間的に余裕がある情報は、原則として航空路誌（AIP：Aeronautical Information Publication）の補足版（Supplement）として ICAO 加盟各国と国内の関係先に配布される。これら英文による記述は ICAO 独特の略語が数多く使用されている。

〔例 - 1〕　AIP 補足版の英文例と略語例

Title ; Operational Restrictions at Niigata Airport.

Operational restrictions at Niigata Airport will be placed as follows due to construction.

1. From 1130UTC 26 MAY to 1330UTC 30 SEP 2019, during hours between 1130UTC and 2230UTC daily, TKOF/LDG at RWY 10/28 will be prohibited, except ACFT permitted in advance at least one hour before.

2. Remarks ; Works by vehicles will be conducted at the construction area.

（英略語の解説）

・TKOF：take-off（離陸）

・LDG：landing（着陸）

・RWY：runway（滑走路）

・ACFT：aircraft（航空機）

・10/28：滑走路番号10と28（一本の滑走路の方位と100度と280度の両方位を指す番号）

〔例 - 2〕上記の日本語版

表題；新潟空港における運用制限について

　新潟空港における運用制限が工事のため次のとおり実施される。

　1．　2019年 5 月26日20時30分（JST）から 9 月30日22時30分（JST）まで
　　毎日20：30JST から07：30JST までの時間帯に滑走路10/28における離
　　陸・着陸が禁止される。ただし、少なくとも 1 時間前の事前承認を受け
　　た航空機は除く。

　2．　備考；工事区域では車両による作業が実施される。

［注］日本語版では世界標準時（UTC）は日本標準時（JST）に変更して通知される。

4　ATA/IATA の略号と略語

　航空会社の業務には、航空機の運航と整備、旅客貨物の販売、座席予約、チ
ケットの発券、空港でのチェックイン等の様々な日常業務があり、これら業務
を規定するマニュアル、業務を実施する上で必要な文書類、メッセージや会話
の中では数多くの略号や略語が頻繁に使用されている。

⑴　ATA/IATA の都市・空港 3文字略語

　米国航空運送協会（ATA：Air Transport Association of America）と国
際航空運送協会（IATA：International Air Transport Association）は、世
界の都市と空港に対し 3 文字略号を定めており、これら略号は各航空会社や
旅行代理店等の相互間で交換されるデータメッセージ、世界の民間航空会社
の時刻表、国際線航空券への記入、国際線手荷物のタグ表示等の人目につく
ところで広く使用されている。ICAO の 4 文字地点略号が空港と ACC 所在
地を対象とした略号を指定しているのに対して、ATA/IATA の都市・空港
略号の特徴は、一つの都市に民間航空が利用できる空港が一つだけの場合に
はその 3 文字略号は空港と都市が同じ略号となる。さらに一つの都市に空港
が複数存在する場合には、その都市名とその複数の空港名にそれぞれ別個の
略号が指定され、その 3 文字のそれぞれのアルファベット文字は、そのアル
ファベット綴りから任意に選んだ文字としている。

表5-9　ATA/IATA 3文字都市・空港略号（抜粋）

略号	都市・空港	略号	都市・空港	略号	都市・空港
CHI	新千歳空港	BKK	バンコック	FRA	フランクルト
FUK	福　岡	GUM	グアム	JFK	J.F.K. 国際空港
HND	羽田空港	HKG	香　港	LAX	ロサンジェルス
NGO	名古屋	JKT	ジャカルタ	LHR	ヒスロー国際空港
NGS	長　崎	KUL	クアラルンプール	LON	ロンドン
NRT	成田空港	MNL	マニラ	NYC	ニューヨーク
OKA	沖　縄	PUS	釜　山	ORY	オールリ国際空港
OSA	大　阪	SEL	ソウル	PAR	パリ
SPK	札　幌	SIN	シンガポール	ROM	ローマ
TYO	東　京	SYD	シドニー	FCO	フミチーノ空港
YGJ	米　子	TPE	台　北	ZRH	チューリッヒ

⑵　**航空会社の2文字略号**

　　航空会社の略号には前記2-⑵項（表5-7）に示したように2文字と3文字の2種類がある。2文字略号は、一般にメッセージの宛先の表示、座席予約システムのLCD表示、航空券の便名の記入等に使用される。

　　なお、航空会社の2文字表示方式は、航空会社の数が増大するに伴い現在では3文字構成が使用されるようになっている。

⑶　**ATA/IATAの機能略号**（Function code）

　　ATA/IATAでは各加盟航空会社共通の2文字の機能略号を定めている。各航空会社の機構組織の各名称はそれぞれ会社によって異なるが、航空機の運航、整備、座席予約、発券、販売、貨物、チェックイン、客室等の業務別の機能は各航空会社とも共通していることから、これら機能別の2文字略号が定められている。

（例）ATA/IATA 2 文字機能略号の例

・AA（経理）・RR（座席予約）・OO（運航管理）・FF（航空貨物）

・KI（国際線チェックイン）・KD（国内線のチェックイン）・TT（発券）

・LL（遺失物）・MM（航空機整備）・SS（販売）・XX（通信）

⑷　**ATA/IATA の 7 文字のあて名略号**

　　世界各国の航空会社相互間あるいは、社内で交換されるメッセージは、個々の航空会社専用のデータ通信回線、あるいは、個々の航空会社が加盟することによって利用できる SITA Information Networking Computing B.V. や ARINC が運営する加盟航空会社共用の世界的なデータ通信ネットワークを利用している。なお、このあて名略号は、メッセージの発信人略号にも同じものを使用する。

〔例〕ATA/IATA 7 文字あて名略号

　　・NRTKIJL　　：日本航空・成田空港支店チェックイン部門

　　・TYORRJL　　：日本航空・座席予約担当部門

　　・PARTTAF　　：エアフランス社パリ営業所発券部門

⑸　**航空略語の種類**

　　民間航空運送事業で使用される略語は、航空事業の歴史と伝統のある米国の ATA（米国の航空運送協会）で長い間使用されていたものが、IATA 発足と共に ATA/IATA 略語として今日まで使用されてきている。通信の分野では、世界的に通信事情が良くなかった時代に情報伝達のスピードアップと通信コスト削減のために使用されてきたが、単語や用語の略語の多くは、航空業界の運航、気象、整備、営業、座席予約といった専門分野毎に別々に作られ、発展してきているので、現在でも一つの略語のもつ意味は、運航部門と営業部門では全く異なることが多々あり、メッセージや会話の中での略語の使用には充分注意を払う必要がある。

5　国際航空運送協会（IATA）と米国の航空運送協会（ATA）

国際航空運送協会（IATA）は、ICAO 発足と同時に本部を同じカナダ・モ

ントリオールにおいてカナダ法人として設立した世界各国の国際民間航空会社を会員とする非営利の国際組織であり、その目的は安全かつ経済的な国際航空運送の確立、航空企業の協力体制の強化及び ICAO への協力である。

　一方、米国にはそれ以前より米国航空運送協会（ATA）の組織があって活動しており、IATA 発足と共に ATA の国際航空会社であったパン・アメリカン航空（当時の米国を代表する世界一周路線を運航する航空会社）、TWA（主に大西洋路線）、NWA（主に太平洋路線）などが IATA に加盟していた。IATA 発足当時、IATA が定めた航空会社相互間の座席予約などの営業通報の取扱いは、米国内で ATA が採用していた ATA インターライン・マニュアルをそのまま IATA 規則として採用した。

　現在、世界の航空会社が扱う営業通信（ICAO-AFTN クラス B 通報）は「ATA/IATA インターライン通信マニュアル」に基づいて ARINC や SITA のネットワーク（航空会社の専用回線）を利用して送受信されている。

　なお、この種の略語は、ICAO が発足する以前から米国を中心に民間航空会社のインターラインの分野で広く使用されてきたこともあり、ICAO の発足と共に ATA/IATA の略号・略語として定められたものである。現在では、この ATA/IATA 略号・略語は、民間航空会社間及び社内の業務において座席や貨物の予約、取扱業務、航空券の発券、手荷物のタグ、航空便のタイムテーブル等の一般旅客の目につくところでも広く使用されている。

第6章　ICAO の地上データ通信ネットワーク

　国際路線に就航する民間航空機が、安全に外国の領空を飛行して目的地に到着するためには、事前に相手国の ATS 機関に対しフライトプランを送信し、出発前に相手国への入国許可を取得しておく必要がある。このため、ICAO 加盟国の各 ATS 機関は、相互に航空機の安全運航に係わる情報を取り扱う固定通信局と専用の航空固定回線（Aeronautical fixed circuit）を設定し、ICAO の国際標準と勧告方式に基づく世界的な固定通信ネットワークを構築している。

1．航空固定電気通信ネットワーク

AFTN（Aeronautical Fixed Telecommunication Network）／AMHS（ATS Message Handling System）

　ICAO 加盟各国は、各国の ATS 機関相互間で航空機の安全飛行のために必要な情報を伝送・交換するために一般の公衆通信網とは別に「AFTN／AMHS」という ICAO 独自の世界的な航空固定電気通信網を構築している。このネットワークの通信方式、通報の種類と優先順位、通報のフォーマット、通信局の運用基準等の手続きは、ICAO 条約第10附属書（第 2 巻）の中で詳細に定められている。

(1) AFTN の構成

　航空固定電気通信ネットワーク（AFTN／AMHS）の通信局と専用通信回線の運営は、国際基準に基づいて ICAO の各加盟国の責任において実施されている。

　我が国は、福岡が AFTN／AMHS 通信センターであり、アジア地域における中枢センターとして位置づけられており、飛行情報管理システム（FDMS：Flight Data Management System）及び国際航空交通情報通信システム（AMHS）により運用されており、ソルトレークシティ（米国）、モスクワ（ロシア）、ソウル（韓国）、北京（中国）、香港、マニラ、シンガポールの各国の通信センターに直通回線が設定されている。

　AFTN／AMHS は、世界中の国際空港、管制機関及び国際線を運航する航空会社等を結んでおり、遭難通報、緊急通報、飛行計画報、位置通報、管制通報、気象情報、ノータム等の運航上不可欠な情報をはじめとして航空機のスケジュール変更、航空機部品の補給、給油等のサービス供与に関する情報等の運航に必要な情報が交換されている。

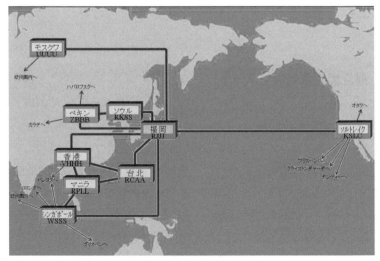

図６−１　我が国周辺の AFTN 図
出典：国土交通省ホームページ（国際航空固定通信網（AFTN））

(2)　通報の種類

　　ICAO の条約第10附属書では、AFTN 回線を使用して送受信できる通報は、次のとおりに定めている。

　　〔通報の種類〕　　〔優先順位符号＊＊〕　　〔通報の内容〕

(a)　遭難呼出と遭難通報　　SS　　遭難の恐れが発生した時又は遭難に直面した時の呼出とその通報

(b)　緊急通報　　DD　　緊急事態が発生した時の通報

(c)　飛行安全通報　　FF　　飛行中又は出発直前の航空機への管制承認、指示、気象等の安全に直接係わる通報

(d)　気象通報　　GG　　飛行中又は出発直前の航空機の飛行に影響を及ぼす気象情報

(e)　飛行正常通報　　GG　　航空機の安全運航、予定変更、代替空港への着陸、機材の整備、部品の緊急調達等の通報

(f)　ノータム　　GG　　第 1 種配付：データ通信等の手段で配付するノータム

(g)　航空管理通報　　KK　　航空機の安全、正常運航に必要な施設の運用保守等に関する通報

(h)　座席予約通報〈＊〉　　KK　　航空機の出発72時間以内の座席予約に関する社内／会社相互間で送受信する通報

(i)　航空会社の一般通報〈＊〉　LL　　航空会社の社内支店間での一般通報

(j)　事務報　　LL

　　〈＊〉現在、(h)(i)の通報は、AFTN を経由して送受信することは皆無である。

　　〈＊＊〉各通報の宛名欄冒頭に表示する優先順位符号。その順位は次のとおり。

　　①＝ SS、②＝ DD/FF、③＝ GG/KK、　④＝ LL

(3)　通報のクラス別分類

　　AFTN で取り扱われる通報は、その通報の内容が、航空機の運航に関し

て緊急の度合いが高いか否か、あるいは安全性に係わる内容か否かに応じて次のようにクラスＡ通報とクラスＢ通報の２種類に分類している。

① クラスＡ通報：航空機の安全と正常運航に関する通報（前記(2)項の(a)－(f)）。

② クラスＢ通報：航空会社等が発受信する通報で航空機運航の安全性に直接関係しない通報。（前記(2)項の(g)－(j)に該当する通報）。

なお、上記のようにICAOの規定は、AFTNでは航空会社のクラスＢ通報を取り扱うことができるように規定しているが、その理由はAFTN発足時の1945－1970年代は国際通信サービスが世界的に充分で無かったため、ITUとICAOの合意の下で航空会社の座席予約などの営業報もAFTNで扱うことを定めたものである。現在、航空会社はクラスＢのような通報にAFTNは一切利用せず、自営の専用通信回線やSITAやARINC運営の航空会社共用の通信ネットワークを利用している。

２．飛行情報管理処理システム

（FACE：Flight Object Administration Center System）

飛行情報管理処理システムは、航空交通管理センター並びに福岡及び東京航空交通管制部にサーバーが設置され、各空港等（約60か所）に端末が配置されている。航空会社等関係機関から提出される飛行計画、気象庁から配信される気象情報並びに航空情報センターが発行するAIP及びノータム等の航空情報等、航空機の運航に必要な情報を作成・入手・処理し関係システムに提供しているシステムである。

飛行計画情報はデータベース（FODB）に格納され、接続する管制情報処理システム等に提供すると共に、入手する位置情報等によって常に更新されている。

また、全国の空港等に設置する端末により、運航監視、対空援助及び国際対空通信等の業務に必要な情報の提供等を行っている。

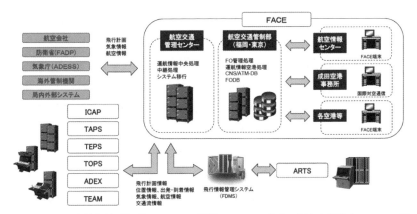

図 6 − 2　飛行情報管理処理システムの概要　　　出典：国土交通省ホームページ

(1)　航空交通管理センター

　航空交通管理センター（ATM センター）は、ICAO の新 CNS/ATM 構想に基づく航空交通管理（ATM）をわが国において着実かつ効果的に推進するため、ATM の主導的な役割を担う中核組織として2005年に設立された。

　ATM センターは、空域の有効利用を図る空域管理、交通量の調整等により円滑な航空交通を形成する航空交通流管理及び新技術を活用した管制業務を総合的に連携して、航空交通の安全確保と航空交通容量の拡大を図るもので、今後も中長期的な機能向上が計画されている。

(2)　飛行援助センター（FSC）（FSC：Flight Service Center）

　飛行援助センターは、地域の拠点となる八つの空港（新千歳、仙台、東京、中部、大阪、福岡、鹿児島、那覇 FSC）に運航援助情報業務及び対空援助業務を集約するとともに、国が管理する空港においては飛行場情報業務も複合的に実施することで、航空機の出発から到着までの各運航フェーズに必要な情報等をシームレスに提供し、航空機の安全かつ円滑な運航を援助する機関である。

　ア　運航援助情報業務：航空機の出発準備に必要な航空情報や ATIS 情報の
　　　　　　　　　　　　提供、発着調整、飛行計画の審査、航空機の状況検
　　　　　　　　　　　　査（ランプインスペクション）等を実施している。

　　　　　　　　　　　　また、飛行中の航空機に係る運航監視や遭難航空機の捜索救難に関する調整も実施している。

イ　対空援助業務　：飛行中の航空機や遠隔空港に離着陸する航空機に対して安全運航のために必要な交通情報、航空情報、空港に関する情報、気象情報等を無線電話で提供している。

ウ　飛行場情報業務　：航空機の空港での安全運航を確保するため、飛行場内の点検や立入承認、駐機場（スポット）の調整、野生動物との衝突防止対策等を実施している。なお、仙台、中部、大阪及び福岡 FSC では業務を実施していない。

(3)　**航空情報センター**（AIS センター）

　　航空情報センター（東京国際ノータム事務所）は、我が国唯一の航空情報機関として24時間体制で運航に必要な航空情報を発行・管理し、関係者への提供を行っている。ICAO は、AIS から AIM への移行（紙による航空情報の提供からデジタルデータによる航空情報の提供への移行）を提唱しており、我が国においても電子 AIP の提供を開始するなどデジタル化への対応を図っている。

3．AFTN のメッセージフォーマット

　　ICAO 加盟各国の ATS 機関、航空機を運航する機関、航空会社は、クラスＡの運航通報、ノータム等のメッセージを世界中の全ての ATS 機関や航空会社等のあて先に AFTN を経由して送信できるようになっている。

(1)　メッセージの基本構成

　　ICAO の第10附属書第２巻は、メッセージの基本構成と各部の構成要素を厳格に規定し、AFTN の伝送系上でのメッセージの紛失や誤謬の発生を防止すると共に受信側で EDPS 処理を容易にするための配慮がなされている。特に、メッセージのあて先名、発信人、テキストには ICAO 独自の略号、

略語を多用している。テレタイプ通報の基本構成は次のとおり。

　　　＜基本構成＞　　　　　　　＜通報の構成例＞

・冒　頭　部：初期符号（ZCZC）／3文字送信識別／3数字の回線通過番
　　　　　　　号

・宛　名　部：2文字優先順位／8文字宛名略号（複数のあて名付加可能）

・発　信　部：終止符（.）／8文字発信名略号。

・本文冒頭部：必要な場合のみあて先と発信名の特別識別を入れる。

・テキスト部：通報の本文

・本文終了部：下段符号（↓）、復帰2回、改行1回

・末　尾　部：改行7回、通報終わり符号（NNNN）

(2)　航空機局発受のメッセージ

AFTNで取り扱われる通報は、地上の航空通信局の間で送受されるものの外に、指定したあて先のAFTN通信局から無線電話経由で飛行中の航空機局あてに送信すること、また逆に航行中の航空機局発信の通報を管轄する航空管制機関の航空局が受信してそれをAFTNに中継して通報のあて先へ送信することもできる。

(3)　フライトプラン・メッセージのフォーマット

飛行計画書は、通常、航空機運営機関（航空会社）から出発空港のATC機関にデータ通信回線を通じで提出されるが、そのフライトプランはATC機関でコンピュータファイルされるため、そのフォーマットへのデータ記入は厳格である。

〔例1〕フライトプラン・メッセージのフォーマット

```
ZCZC  NRA  023
⑴
FF  RJTTZPZX  RJTGZQZX  RJAAYSYX  ROAHYSYX  RCTPZQZX  RCTPZTZX  RCTPCA-
LO
⑵ ⑶
.210040  RJTTJAAO
⑷ ⑸
(FPL-CAL107-IS)
⑹ ⑺ ⑻
-B74B/H-SDHI/C
⑼ ⑽ ⑾
-RJTT2350
⑿ ⒀
-N0500F350  KZE  URAGA  OCEAN  YZ  CELLO  BANJO  A1  APU  SDI
⒁ ⒂ ⒃
-RCTP0304  RCKH
⒄ ⒅ ⒆
-EET/RORG0142  RCTP0220  REG/B162  SEL/KMAC
⒇      (21)            (22)        (23)
-E/0434  P/210  R/V  S/M  J/L  D/8  472  C  YELLOW
(24)      (25)   (26)  (27)  (28)   (29)
A/WHITE
(30)
C/LIU  ALLAN  SMITH
(31)
NNNN
```

〔上記の略語の解説〕

⑴　通報構成の冒頭部

⑵　通報の2文字優先順位略号＝FF

⑶　8文字宛先略号（第5章参照のこと）

　　最初の4文字：RJTT＝東京国際空港（羽田）、RJTG＝東京ACC、RJAA＝成田国
　　　　　　　　　際空港、ROAH＝那覇空港、RCTP＝台北国際空港.

　　次の5－8文字：ZPZX＝管制情報機関（フライトプランを受理する機関）

　　　　　　　　　ZQZX＝（東京ACC）のFDP

　　　　　　　　　YSYX＝対空通信局

　　　　　　　　　ZTZX＝飛行場管制所（タワー）

　　　　　　　　　CALO＝中華航空公司（CAL）

⑷　日付（2数字）と世界標準時による時分（4数字）

⑸　8文字発信人略号（第5章参照）

　　RJTTJAAO：東京国際空港（羽田：RJTT）の日本アジア航空（JAA）の羽田支店運
　　　　　　　航部（O）
⑹　通報型式：（FPL＝フライトプラン）
⑺　航空機識別：CAL107＝航空機識別
⑻　飛行方式：I＝IFR（計器飛行方式）．（有視界飛行（VFR）の場合は "V"）
　　飛行の種類：S＝定期航空運送の飛行
⑼　航空機の型式略号：74B
⑽　航空機の後方乱気流区分：/H＝最大離陸重量が136,000kg 以上の航空機
⑾　使用する無線機器設備：SDHI/C
　　S＝ICAO 規定と航空法に基づいて装備が義務付けられている無線設備の全てを搭載
　　　し、かつ使用可能であること。（そうでない場合は "N" を記入）
　　D＝DME（距離測定装置）
　　H＝HF 無線電話送受信機
　　I＝Inertial Navigation
　　/C＝トランスポンダモード A/3 及びモード C
　　（注）　国際線のフライトの場合は、搭載が義務付けられている F（ADF）、L（ILS）
　　　　　O（VOR）、V（VHF 無線電話）の記号記入は省略可能ということで上記の記入
　　　　　欄に記入していない。
⑿　出発飛行場：RJTT（東京国際空港）
⒀　移動開始時刻：2350（23時50分世界標準時：08:50　日本標準時）
⒁　巡航速度：N0500（N：ノット表示、速度は 4 桁の真対気速度（TAS）で表示）
⒂　巡航高度：F350（F：フライトレベル　350＝35,000フィート）
⒃　飛行経路：KZE（木更津 VOR/DME）、URAGA（浦賀）等の飛行経路［省略］
⒄　目的飛行場：RCTP（台北国際空港）
⒅　所要時間：0304（3 時間 4 分）
⒆　代替空港：RCKH（Gaoxiong 空港）
⒇　特定地点までの時間［EET＝予想経過時間（Estimated elapse times）］
㉑　特定地点とその到着時刻：RORG（那覇 ACC）到着時刻　01:42）
　　　　　　　　　　　　　　RCTP（台北国際空港到着時刻　02:20）
㉒　航空機の登録：REG＝登録（Registration）
　　国籍記号と登録記号：B162＝国籍記号(B)と登録記号(162)
㉓　セルコールコード：SEL＝SELCAL（選択呼出装置）、KMAC＝セルコールコード
㉔　燃料搭載量（E/:Endurance）搭載した燃料の持久時間：4 時間34分
㉕　搭乗総人数（P/Persons on board）210名

⒁ 航空機用救命無線機等（R/V：Radio/VHF　121.5MHz）

⒄ 救急用具（S：Survival Equipment，/M：海上用救急用具を搭載していないことを示す記号）

⒅ 救命胴衣（J：Jackets，/L：Life Jackets の搭載）

⒆ 救命ボート（D：Dinghies，/ 8 救命ボートの数　8 艘、全収容人員数：472人、C：Color（色）Yellow：黄色）

⒀ 航空機の色とマーキング（A：Aircraft/ 白色）

⒂ 機長（PIC）の氏名（C：Captain 氏名、その他）

第7章　航空交通業務の移動通信システム

　ICAO の国際基準に基づく各国の航空交通業務の組織とその運営体制は、世界的に一元化されたシステムによって支えられている。この章では航空交通業務とそのシステムの概要について解説する。

1. 航空交通業務（ATS）の概要 （ATS：Air Traffic Service）

　航空機の飛行方式には、航空機のパイロットが自分自身の目で周囲を確認しながら飛行する有視界飛行方式（VFR：Visual Flight Rules）と、もう一つは航空機搭載の電子航法機器を使用し地上の管制機関の指示に従って飛行する計器飛行方式（IFR：Instrument Flight Rules）の二通りの方式がある。

　航空管制機関の管制官は IFR 機のパイロットに直接、無線電話で交信し航空管制業務を行うのが一般的であるが、場合によっては航空管制通信官を間に介して管制業務が行われることがある。管制通信の特徴は、一般に航空機の出発準備の段階から目的地に到着するまでの飛行過程でパイロットの交信先とその周波数チャネルを次々と変えていくことである。また、航空トラフィックが輻輳する空域では、IFR 機は管制官からのレーダー誘導を受けて航空機の飛行の安全とトラフィックの円滑な流れを確保している。

(1) 航空交通業務の目的

　ICAO 条約附属書の規定では、航空交通業務の目的を次のように定めてい

る。

① 飛行中又は走行中の航空機相互の衝突事故を防止すること

② 飛行場内の走行区域で航空機と障害物との衝突を防止すること

③ 航空トラフィックの秩序ある流れを促進、維持すること

④ 飛行の安全と正常運航についての助言と情報を提供すること

⑤ 搜索救難援助を必要とする航空機の情報を適切な機関（注）に通報するとともにその機関の活動に協力すること

（注） 我が国では、羽田空港事務所内の救難調整本部（RCC）がこの機関であり、担当空域の航空機の搜索救難（SAR）活動を一元的に調整、実施している。

(2) 空域の分類

航空機が飛行する空域は、ICAO の非加盟国の領空と公海の一部を除いてほぼ全域が航空交通業務を行う空域となっている。この空域は、表7－1に示すとおり、さらに航空交通管制区、管制圏、洋上管制区に細分化される。

(3) 飛行情報区 （FIR：Flight Information Region）

ICAO が設定した飛行情報区は、条約締約国の領空と公海上の空域で構成され飛行する航空機トラフィックの流れを考慮して設定している。その飛行情報区を担当するセンターは、その空域内を飛行する航空機に対し必要な飛行情報を提供することと、その空域内で発生した航空機遭難の搜索救助活動を担当することが義務付けられている。

なお、飛行情報区は、国の領空を意味するものでないことを明確にするため、その呼称はそのセンターが置かれている都市名を付けることとしている。我が国では福岡 FIR が担当している。

(4) 航空交通業務の分類

前記(1)項で述べた航空交通業務は、①航空交通管制業務（ATC 業務）、②飛行情報業務、③緊急業務の三つの業務に大別される。このうち①の航空交通管制業務は、表7－1に示したとおり航空機の飛行方式、飛行する空域、飛行場への進入方式等によってさらに細分化される。

参考：ATS空域分類

　飛行情報区（FIR）はICAO国際民間航空条約によりクラスA、クラスB、クラスC、クラスD及びクラスEの5つの管制空域とクラスGの非管制空域に分類されます。

クラスA：　航空法第94条の2第1項に規定される特別管制空域のうち特別管制空域A、航空法第2条第12項に規定される航空交通管制区のうち高度29,000ft以上の空域、並びに洋上管制区のうち高度20,000ft以上の空域を言います。

クラスB：　航空法第94条の2第1項に規定される特別管制空域のうち特別管制空域B（那覇特別管制区）を言います。

クラスC：　航空法第94条の2第1項に規定される特別管制空域のうち特別管制空域Cを言います。

クラスD：　航空法第2条第13項に規定される航空交通管制圏を言います。

クラスE：　航空交通管制区のうち特別管制空域及び高度29,000ft以上の空域を除く空域、洋上管制区のうち高度20,000ft未満の空域、並びに航空法第2条第14項に規定される航空交通情報圏を言います。

クラスG：　上記以外の非管制空域を言います。

*現在、我が国における特別管制空域（特別管制区）は、那覇特別管制区がクラスBその他の特別管制区はすべてクラスCのairspaceになります。

**洋上管制区とはFIR内の洋上空域であってQNH適用区域境界線より外の空域であって、原則として海面から1,700m（5,500ft）以上のものを言います。

ATS空域概念図

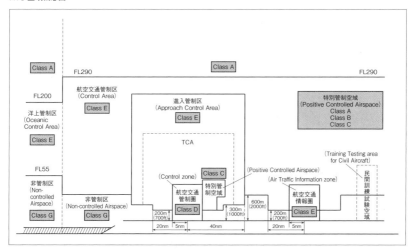

図7－1　管制空域と非管制空域の区分

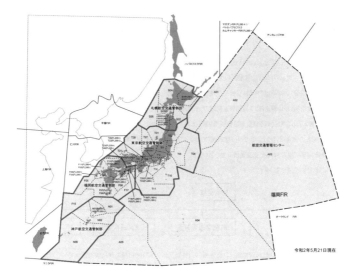

図７－２　飛行情報区（FIR）の例
出典：国土交通省ホームページ　飛行情報区（FIR）及び管轄空域により作成

表７－１　航空交通業務の分類

航空交通業務 ┬ ①管制業務 ─── 航空路管制業務
　　　　　　 │ 　　　　　　　── 飛行場管制業務
　　　　　　 ├ ②飛行情報業務 ─ 進入管制業務
　　　　　　 │ 　　　　　　　── ターミナル・レーダー管制業務
　　　　　　 └ ③緊急業務 ──── 着陸誘導管制業務

⑸　**航空交通業務の管制空域**

　　航空交通業務が実施される管制空域は、図７－１に示したように管制区、管制圏、情報圏および洋上管制区の四つに分けられる。なお、トラフィックが輻輳する空域のうちで飛行場周辺の管制区と管制圏の一部を含む空域を特別管制区と指定している。

　　さらに、航空法一部改正（平成17年10月１日施行）により、航空交通量の少ない飛行場及びその周辺空域が「航空交通情報圏」（国土交通大臣指定）

として追加された。

① 航空交通管制区

　我が国が担当する飛行情報区（FIR）は、札幌、東京（所沢）、福岡、神戸の四つの管制区（Air Traffic Control Area）に分けられ、それぞれに航空交通管制センター（ACC：Area Control Centre）を置いて航空管制業務が行われている。管制区は、地表又は海面から200m以上の高さの空域で、計器飛行方式（IFR）の航空機の上昇、降下進入の経路、航空路が含まれ、日本の領空はその大部分が管制区に指定されている。各管制センターは広範囲な空域の管制サービスを効率的に行うため、各管制区の担当空域をさらに複数の "セクタ" に分割し、各セクタに担当の航空管制席を配置して運用を行っている。各管制センターのセクタ数は次のとおり。

　　・札幌 ACC：6 セクタ

　　・東京 ACC：12 セクタ

　　・福岡 ACC：11 セクタ

　　・神戸 ACC：3 セクタ

　各航空管制官は、航空機が自分の担当する空域に入ってくると、隣接のセクタ担当管制官から管制業務を引き継ぎ、次のセクタまでの管制を受け持つ。航空機は幾つかのセクタの管制を受けることによって決められた航空路上を飛行していく。

　また、各セクタには航空機と常時交信することができる特定の VHF 周波数が指定されている。従って、計器飛行方式（IFR）の航空機は、管制機関から飛行計画書の承認（ATC クリアランス）を得て飛行し、飛行中は常時 ATC が指定した周波数を聴守し、管制官の指示に従うことが義務付けられている。

② 進入管制区（Approach Area）

　進入管制区は、航空交通管制区域の中で航空トラフィックが輻輳する空域の一部であって国土交通省の告示によって特別に設定したものである。この空域内では計器飛行方式（IFR）の航空機に対して離陸上昇、あるい

は着陸降下の進入管制業務又は、ターミナルレーダー管制業務が行われる。

③　ターミナルコントロールエリア（Terminal Control Area）

　　この管制区は、前記の IFR 航空機の管制が行われている進入管制区の中で特に有視界飛行方式（VFR）の航空機が輻輳する空域をターミナルコントロールエリア（TCA）と公示で定め、そのターミナル管制所が VFR 機の要請に応じて TCA アドバイザリー業務を行う。この業務は国内の主要空港で実施しており、次の業務を提供する。

- ・レーダー交通情報の提供
- ・当該機の要求に基づくレーダー誘導
- ・当該機の位置情報の提供
- ・進入順位および待機の助言

④　特別管制空域（Positive Control Airspace）

　　この特別管制空域は、航空トラフィックが輻輳する特定の飛行場周辺の管制区と管制圏を含む一定の空域が指定される。この空域では、管制機関の許可無しの有視界飛行は禁止される。また、この空域を飛行する IFR 航空機はモードCのトランスポンダの装備が必要となる。

⑤　洋上管制区（Oceanic Control Area）

　　日本が航空交通業務を担当する福岡 FIR の洋上区域であって、QNH 適用区域境界線の外側にあり、原則として海面から1,700m（5,500ft）以上の空間をいう。洋上空域は航法援助施設や VHF の地対空通信の電波が届かないことから、航空機の通信、航法、監視方法が国内飛行とは異なる。福岡 FIR の洋上管制区に適用される主な規則や方式は次のとおりである。

- ・位置通報方式
- ・管制間隔の基準
- ・CPDLC/ADS-C の使用
- ・高度計規正値

⑥　航空交通管制圏（Air Traffic Control Zone）

　　管制圏は、飛行場の管制塔（Control Tower）が行う管制空域であり、民間の飛行場ではその標点から半径9km、上限の高度980m（3000ft）以下の空間となっている。なお、飛行場には航空交通管制圏が設定されていないものもある。

⑦　航空交通情報圏（Air Traffic Information Zone）

　　航空交通量の少ない飛行場及びその周辺の空域を「航空情報圏」として、国土交通大臣が指定し、当該空域において計器飛行方式により航行する場合は、当該空域の他の飛行機の情報を聴守することが義務付けられる。

　　また、曲技飛行や操縦訓練飛行等を行う空域についても「民間訓練試験空域」として、国土交通大臣が指定し、当該空域において曲技飛行等を行う場合も当該空域の他の航空機の情報を聴守することが義務付けられる。

　　なお、これら情報を提供するあるいは通信をする航空局は、「交通情報航空局」であり、当該空域を飛行する航空機は、交通情報航空局から指示された周波数を聴守しなければならない。

2．航空交通管制機関と無線局の呼出名称

　　航空交通管制センター（ACC）は、この計器飛行方式（IFR）の航空機とさらに特別管制空域（前記1 - ⑸ - ④参照）を飛行する IFR と VFR の全ての航空機に対して航空路管制と進入管制の業務を行う機関である。

⑴　**航空交通管制センター**（ACC：Area Control Centre）

　　航空交通管制センターが行う航空路管制業務は、表7 - 1で5種類に分類した航空交通管制業務の一つであり、その業務は、他の4種類の業務が行われる空域（進入区と飛行場周辺の航空管制圏）を除いた広域にわたる航空路の管制業務を行う。これらの業務に携わる管制官を「航空交通管制官」と呼んでいる。

①　ACC の管制業務

　　航空交通管制センターが行う管制業務の内容は次のとおり。

　　・計器飛行方式（IFR）の航空機に対する管制承認と管制許可

　　　　・特別管制区を有視界飛行方式（VFR）で飛行する航空機に対する許
　　　　　可

　　　　・特別な有視界飛行方式（VFR）の飛行許可

　②　ACC 局の呼出名称（Call Sign）

　　　ACC センターの呼出名称の構成用語に「コントロール」を使用する。

　　　［呼出名称の例］　・Tokyo Control（東京コントロール）

　　　　　　　　　　　　・Sapporo Control（札幌コントロール）

　　　　　　　　　　　　・Fukuoka Control（福岡コントロール）

　　　　　　　　　　　　・Kobe Control（神戸コントロール）

(2)　**ターミナル管制所**（Terminal Control Centre）

　　飛行場に設置されたターミナル管制所は、航空交通管制センター（ACC）
　に代わってレーダーを使用して進入管制区の管制業務を行う。この業務の対
　象となる航空機は、IFR 機と特別管制空域を飛行する IFR 機と VFR 機で
　あって離陸後の上昇飛行、あるいは着陸のため降下飛行を行う航空機であ
　る。

　①　出発機の進入管制業務

　　　飛行場管制所（タワー）の管制下で滑走路を離陸した航空機は、上昇飛
　　行を行った後暫くしてタワーから管制移管（管制圏の出域）の通知を受け
　　る。出発機に対する進入管制業務は、この管制移管により進入管制区に入
　　域してから目的の航空路に入るためにこの管制区から出域するまでの管制
　　業務である。

　②　到着機の進入管制業務

　　　到着機に対する管制業務は、航空機が進入管制区に入域してから飛行場
　　管制（タワー）に移管されるまで、あるいは着陸するまでの管制業務を担
　　当する。

　③　無線局の呼出名称

　　　ターミナル管制所の無線局の呼出名称は、出発機と到着機を区別して次
　　のように使い分けをしている。

(a)　出発機に対する管制所（航空局）の呼出名称

　　ターミナル管制所に出発機を専任で担当する航空管制官（出域管制席）専用の無線周波数が割り当てられている場合には、その呼出名称の構成用語には「デパーチャー（Departure）」が使用される。現在では、ほとんどの管制所にこの専用周波数が割り当てられている。

　　なお、出発機専用の周波数割当てがない場合には、その呼出名称の構成用語に「アプローチ（Approach）」を使用する。

(b)　到着機に対する管制所（航空局）の呼出名称

　　到着機の進入管制業務にレーダーを使用するターミナル管制所では、その呼出名称の構成用語に「レーダー」を使用するのが一般的である。

　　［呼出名称の例］　・Kansai Radar（関西レーダー）
　　　　　　　　　　　・Tokyo Radar（東京レーダー）

(3)　飛行場管制所（Airport Traffic Control Tower）

　飛行場管制所は、航空交通管制圏が設定されている飛行場での管制業務を行う機関であり、通常「管制塔」又は「タワー」と呼ばれている。

①　飛行場管制所の業務

　　飛行場管制所は、飛行場の管制圏、滑走路での航空機の離発着、飛行場内の走行地域において航空機と車両の管制業務を行う機関である。一般に、その管制業務は、管制官のタワーからの目視、あるいは航空機／車両からの位置通報によって管制業務が行われる。管制の対象は、下記の航空機と車両である。

　　・滑走路を離陸又は滑走路に着陸する航空機
　　・飛行場の周辺及び管制圏を飛行する航空機
　　・飛行場走行地域内を走行する航空機と車両

②　飛行場管制所に対する単一呼出名称

　　飛行場でのトラフィックが比較的少なく、飛行場全体の管制業務を単一周波数チャネルで行う場合は、その呼出名称の構成には「タワー」のみが使用される。

[呼出名称の例]　・Wakkanai Tower（稚内タワー）

　　　　　　　　・Kobe Tower（神戸タワー）

③　飛行場管制所に対する複数の呼出名称

　　航空トラフィックの多い飛行場では、複数の管制官が業務を分担して実施しており、それぞれの分担ポストに専用の周波数チャネルが設定されている。

　　この場合上記①の業務は、次のように分割しそれぞれに個別の呼出名称が付けられる。

(a)　デリバリー

　　出発機のフライトプラン等の管制承認の中継業務に、「デリバリー」が呼出名称の構成に使用される。

[呼出名称の例]　・Kansai Delivery（関西デリバリー）

　　　　　　　　・Narita Delivery（成田デリバリー）

(b)　グラウンド

　　飛行場内の滑走路以外の走行地域を移動する航空機及び車両等に対する地上の管制業務に、「グラウンド」が呼出名称の構成に使用される。

[呼出名称の例]　・Fukuoka Ground（福岡グラウンド）

　　　　　　　　・Chitose Ground（千歳グラウンド）

(c)　タワー

　　滑走路を離着陸する航空機、飛行場周辺、管制圏を飛行する航空機及び滑走路上を出入りする航空機と車両に対する管制業務に、「タワー」が呼出名称の構成に使用される。

[呼出名称の例]　・Naha Tower（那覇タワー）

　　　　　　　　・Nagoya Tower（名古屋タワー）

(4)　**着陸誘導管制所**（GCA：Ground Control Approach）

　　航空管制官が、管制卓のレーダー・スコープ上に着陸しようとする航空機の機影（ターゲット）を捕らえ滑走路の末端までの降下飛行を指示、誘導する進入方式には、使用するレーダーの種類により二通りの方式がある。呼出

名称には「GCA」が使用される。なお、使用するレーダー設備については、第10章 2 -(2)「航空管制用レーダーの種類」を参照のこと。

3．航空交通管制（ATC）の通信機関と呼出名称

航空機に対して航空管制の情報、気象情報、通信情報、その他通報の中継、伝達業務を実施する機関を管制通信機関という。

これまで述べてきた管制機関は航空機に対し管制の指示を行うことができたが、この管制通信機関は航空機に対する管制の権限がなく、あくまで情報を提供するか管制機関と航空機との間で情報を中継することに限られており、この管制官を「航空管制通信官」と呼んでいる。

(1)　管制通信機関の種類

管制通信機関は、航空機局との通信に航空移動(R)業務用の VHF を使用するが遠距離通信には HF が使用される。なお、VOLMET では VHF のほかに航空移動(R)業務の HF も使用される。次の種類の無線局（航空局）が運用されている。

① 　飛行場対空通信局

② 　RAG 局（リモート対空通信局）（RAG：Remote Air Ground Station）

③ 　国際対空通信局

(2)　飛行場対空通信局

この飛行場対空通信局は、飛行場管制所（タワー）（前記 2 -(3)参照）が設置されていないローカル空港や離島の小規模な空港に設置されており、航空機局との交信によって情報が提供される。

① 　飛行場対空通信局の業務

その飛行場を離発着する航空機やその飛行場の情報圏（注）を通過する航空機に対して飛行の安全に係わる次のような情報を提供する。

・飛行場及び滑走路の状態

・飛行場周辺の気象情報

・航空機トラフィック状況

・その他、空港保安施設の障害等

・計器着陸方式による離発着を行う航空機に対する管制機関のクリアランス等の中継

　　(注)　情報圏（Information Zone）：飛行場対空通信局が置かれている飛行場に設定される空域（飛行場の中心からおよそ9km、平均海面上（MSL）高度3000ft）以下をいう。

②　飛行場対空通信局の呼出名称

　　この通信局は、航空移動(R)業務用のVHFを使用し、その呼出名称の構成用語には「レディオ」を使用する。

［呼出名称の例］　・Asahikawa Radio（旭川レディオ）

　　　　　　　　　・Hachijojima Radio（八丈島レディオ）

(3)　**RAG通信局**（遠隔対空通信局　RAG：Remote Air Ground Station）

　　このRAG局（航空局）は、航空管制通信官が配置されていない飛行場に設置された飛行場対空通信局であって、別の空港事務所の管制機関（航空局）が遠隔操作によって運用する。このRAG局が設置されている飛行場を離発着する航空機は、遠隔地にある別の空港の管制通信官と直接交信することによって必要な情報（使用滑走路、航空トラフィック、飛行場施設、気象の状況）を入手することができる。また、飛行場対空通信局と同じようにクリアランスの中継なども行う。この局の呼出名称は、上記の飛行場対空通信局と同じ「レディオ」が使用される。

［呼出名称の例］

　・奥尻飛行場のRAG局　Hakodate Radio（函館レディオ）

　・南大東飛行場のRAG局　Naha Radio（那覇レディオ）

(4)　**国際対空通信局**

　　飛行情報区（FIR）の中にあって、陸地から遠く離れた洋上航空路にある航空機とは通常のVHF設備では交信することはできない。国際対空通信局は、主として短波（HF）設備と特殊な超短波（VHF）設備を使用し、洋上飛行の航空機と航空移動(R)業務を行う通信機関である。

① 国際対空通信局の通信業務

　　航空機が VHF で管制機関と直接交信できない洋上の国際線航空路では、国際対空通信局が、洋上の航空機局と HF 又は VHF 長距離通信方式〈＊〉によって適時交信し、航空機局とそれを管轄する管制機関との間の通報の中継業務を行う。航空機からのクリアランスの要求通報は、この国際対空通信局で宛先の航空管制センターに中継され、航空管制官からの承認可否の結果が航空機局に返送される。

(a) 航空機へ提供する情報

　・国際空港の気象情報

　・国際空港の閉鎖に関するノータム

　・航空機から報告（AIREP）された最新の情報

(b) 航空機からの情報

　・航空機の位置通報（Position Report）

　・クリアランスの要求

　・機上気象報告（AIREP）

〈＊〉 VHF 長距離通信方式（Extended Range VHF Communication）
　　　VHF の地上局（航空局）に大電力送信機と高感度受信機及び大利得送受信アンテナを装備し、洋上航空路に沿ってスキャッタで電波を発射させて通信の通達距離を延ばす方式をいう。

② 国際対空通信局の呼出名称

　　この無線局（航空局）の呼出名称には、管制区管制センター（ACC）所在地の名称が使用される。我が国の国際対空通信局は、

　［呼出名称］　・東京 ACC の国際対空通信局：Tokyo

4. 飛行情報業務を行う通信機関

　航空交通管制機関、または航空交通業務を行う機関と交信する航空機に対しては航空機の飛行の安全に関する次のような飛行情報を提供するサービスが行われている。

(1) 飛行情報業務の内容

・悪天候等の気象状況

・航法援助施設の運用状況

・飛行場の走行区域の状況（氷結、雪、水溜まり等）

・飛行場内の工事、野鳥群、火山灰等の状況

・その他、航行の安全に関する情報

(2) 飛行情報業務を扱う航空局

飛行情報を提供する航空局は、次の3種類があり、通常放送形式により情報を提供している。

・ATIS局（ATIS：Automatic Terminal Information Service）

・AEIS局（AEIS：Aeronautical Enroute Information Service）

・VOLMET局（Voice Meteorological Broadcast Station）

(3) ATIS局

このATIS局は、交通量の多い飛行場に設置されており、最新の飛行場情報を繰り返し放送する航空局である。特に、気象情報については空港の気象レーダーで常時観測を行い急激な気象変化には適時、その観測結果を放送により関係航空機に通報する。

従って、ATIS局が設置されている飛行場を離発着する航空機は、この最新のATIS情報を事前に入手し、航空管制官と交信して入手する情報量を少なくし、管制官の情報提供の煩雑さを緩和する。

① ATIS情報の内容

ATISの飛行場情報は自動的に繰り返し放送されており、その情報の内容は次の順番で放送される。

(a) ATIS局の識別名称

(b) 情報の識別記号

(c) 観測した時刻（通常は30分毎）

(d) 計器飛行方式の航空機に対する進入方式

(e) 出発滑走路と着陸滑走路

(f) 滑走路の状況

(g) 航空管制上の必要事項

(h) 運航に関する情報（ノータム等）

(i) 気象に関する特別な情報

(j) 受信済の報告

＜東京国際（羽田）空港のATIS情報の例＞

　　Tokyo International Airport information Bravo, time 0100. ILS Zulu runway 34 left approach and ILS Zulu runway 34 right approach. Landing runway 34 left and 34 right, departure Runway 05 and 34 right. Departure frequency 126.0 from runway 05, 120.8 from runway 34 right. Simultaneous parallel ILS approaches to runway 34 left and right are in progress. Wind 020 degrees 14 knots. Visibility 9 kilometers, scattered 1500 feet cumulus. Temperature 25 dewpoint 19, QNH 29.95. Advise you have information Bravo.

［上記の訳例］

　東京国際空港、情報-B、時間 0100 世界時、ILS Z 進入滑走路-34L 及び ILS Z 進入滑走路-34R、着陸滑走路-34L 及び 滑走路-34R、出発滑走路-05からのディパーチャー周波数は 126.0、出発滑走路-34L からのディパーチャー周波数は 120.8、同時並行 ILS 進入滑走路-34L 及び滑走路-34R 進行中。風向 020 度、風速 14 ノット、視程9km、雲量（1/8から4/8）1500フィート積雲、気温 25 ℃、露点温度 19 ℃、貴機は情報-B を入手していることを報告せよ。

---

② ATIS局の運用と識別名称（呼出名称）

　ATIS情報は、その内容に特に著しい変更がない限り通常1時間若しくは30分ごとに更新され、その都度前記①-(b)項の識別記号がアルファベット順に更新される。そして、航空機が最初に管制機関（飛行場管制所、ターミナル管制所等）と通信設定を行いクリアランスの要求を行う場合、事前に入手済のATIS情報の識別記号を管制機関に伝える。その管制機関は、この識別記号が最新のATIS情報であればその内容については省略する。もし、最新の情報を受けていない場合は、そのクリアランスに付して変更した内容を伝える。

［識別名称の例］

　・Narita International Airport（新東京国際空港）　24 HRs

　・Fukuoka Airport（福岡空港）　2200-1300 UTC

　・Kansai International Airport（関西国際空港）　24 HRs

③　ATIS 局の送信周波数と運用時間

　民間の飛行場では航空移動（R）業務用の VHF 周波数が ATIS 各局に割り当てられているが、自衛隊や米軍管轄の飛行場では（R）業務以外の VHF も使用されている。局の運用時間は、東京（羽田）、成田、中部、関西の国際空港と那覇は24時間運用、その他の局は運用時間の制限がある。

④　ATIS 情報の入手手段

　ATIS の放送による情報は、パイロットの筆記によって受信するか、空地データリンクシステム（ACARS：Aircraft Communication addressing and Reporting System）を装備した航空機はこの ATIS 情報はデータリンク用の受信プリンタで入手する。

(4)　AEIS 局

　AEIS 局は、札幌、東京、福岡、那覇の各管制区管制センター（ACC）内に設置されおり、飛行中の航空機に対して飛行の安全に必要な情報の提供、収集及び伝達を行っている。

①　AEIS 局の業務内容

　AEIS 局は、管区内のすべての航空機局を対象に上記の ATIS と同じように放送形式で情報を提供する業務と、管制区内を有視界（VFR）で飛行する小型機を対象に各航空機局からの要求に応じて情報を個別に提供したり、逆に必要な情報を個別に入手したりする交信業務の二通りのサービスを行っている。

　その業務の内容は次のとおり。

　・航空機に対しエンルートの飛行の安全に関する気象情報の提供

　・航空機から悪天候等の気象状況の報告（PIREP）を受信すること

　・上記の気象状況等の情報を他の航空機に提供すること

・VFR 航空機の位置通報、飛行計画の変更等の受信と受付

・その他飛行の安全に関する通信援助業務の提供

・すべての航空機を対象とした放送による情報の提供

② AEIS 局のリモート無線設備

AEIS 局の航空機に対する通信は、国内各地に設置されている ATIS リモート局を通じて行われる。そのリモート局は、各航空交通管制センター（ACC）から遠く離れた各地に設置されている遠距離対空通信施設（RCAG：Remote Centre Air Ground Communication）と同じ場所に設置されており、航空機との交信で情報の授受を行う局と地上から送信専用の放送業務を行う局の 2 種類があり、それぞれの ACC センターで遠隔操作されている。

③ AEIS 局の周波数と呼出名称

AEIS センターの各リモート局に対しては、航空移動(R)業務用の VHF が割当てられている。AEIS 局の無線呼出符号は次のとおり。

(a) 送受信を行う AEIS 局の呼出名称。

〈AEIS センター〉	〈呼出名称〉	〈リモート局数〉
・札幌 AEIS：	Sapporo Information	6
・東京 AEIS：	Tokyo Information	12
・福岡 AEIS：	Fukuoka Information	5
・那覇 AEIS：	Naha Information	3

(b) 放送を行う AEIS 局の呼出名称

〈AEIS センター〉	〈呼出名称〉	〈リモート局設置場所〉	〈周波数〉
・札幌 AEIS：	Sapporo Information Ishikari	石狩	127.0MHz
・東京 AEIS：	Tokyo Information Sendai	仙台	126.8
：	Tokyo Information Kowa	河和	126.6
・福岡 AEIS：	Fukuoka Information Shimizu	土佐清水	127.65
：	Fukuoka Information Iwakuni	岩国	128.2
・那覇 AEIS：	Naha Information Erabu	沖永良部	128.6

④　AEIS 局が取り扱う情報

　　放送業務を行う AEIS センターのリモート局は、各管制区のエンルート
を含む空域を飛行する航空機を対象に飛行の安全に関する情報とそれぞれ
のリモート局が担当する各空港の情報も簡潔にまとめて反復送信してい
る。

　　・空域情報：シグメット情報（SIGMET：国際線用空域悪天情報）、機
　　　上気象報告（PIREP、AIREP）、ノータム（NOTAM）等
　　・空港情報：悪天候、事故等による滑走路閉鎖、滑走路／誘導路のブレー
　　　キ作動効果値（Braking action）、ノータム（NOTAM）等

(5)　**ボルメット局**

　　ボルメット（VOLMET）局は、世界の主要国際航空路を飛行する航空機
を対象に音声の放送形式で主要空港の気象情報提供の業務を行う航空局であ
る。

①　ボルメットの周波数

　　ボルメットは、航空移動(R)業務用の HF を使用し、広範囲な国際航空路
の気象情報を提供する放送業務であり、局地的な放送には VHF も使用さ
れている。

　　世界の主要国際航空路をカバーする空域を九つの航空気象区域に区分け
し、それぞれの地域にボルメット用 HF 周波数グループを割り当てている。
HF の主要世界航空路区域（MWARA）と同じ手法による HF 周波数の複
数分配が行われている。

②　太平洋地域のボルメット放送

　　太平洋地域のボルメット放送は、ホノルル、東京、香港、オークランド
の各局が、下記 6 地域にある各空港の定時航空気象実況を 1 地域 5 分間ず
つ順番に英語により放送している。各地域毎に一時間に 2 回放送すること
になっている。ボルメット用 HF 周波数は、4 波を使用している。

放送／毎時	放　送　局	地　　　　域	HF 周波数
毎分00，30	ホ　ノ　ル　ル	ハワイ地域	〈各地域共通〉
05，35	ホ　ノ　ル　ル	米国西海岸地域	2863kHz
10，40	東　　　　京	日本，韓国	6679
15，45	香　　　　港	台湾，フィリピン	8828
20，50	オークランド	南太平洋地域	13282
25，55	ホ　ノ　ル　ル	アラスカ・カナダ太平洋岸地域	

③　我が国のボルメット局

　　日本のボルメット放送は、気象庁東京航空地方気象台が洋上等を飛行している航空機に対して、音声によって「東京ボルメット」気象放送としてHF4波で毎時10分及び40分より各5分ずつ英語で主要空港の気象情報の放送を行っている。Tokyo局の業務は、成田、東京、新千歳、中部セントレア、関西、福岡、の国内空港と韓国の仁川の7空港の定時観測と特別観測の航空気象データの放送である。なお、沖縄の那覇空港は香港のボルメット局が担当している。国際路線を飛行している航空機局は、HF4波のうち最適の周波数を選択することができる。

5．飛行援助用航空局

　空港はその施設の大小により、国際航空路線の第一種、主要な国内路線の第二種、地方のローカル線の第三種の空港に種別され、国の機関や成田国際空港株式会社などが運営している。一方、これ以外にも航空交通管制機関の無線サービスがない「その他の飛行場」や「ヘリポート」と呼ばれる地方公共団体や民間が運営する数多くの飛行場がある。我が国では、これらの飛行場に「飛行援助用航空局」を設置すれば、飛行場管理者は飛行場を利用するすべての航空機（不特定多数）に対して飛行援助に関する通信サービスを行うことができるようになっている。

(1)　飛行援助用航空局が設置される飛行場

　　この局は、航空管制が行われていない飛行場やヘリポートを対象にその管

理者が総務大臣に無線局の開設を申請し、航空移動業務用の航空局の免許を
受けて開設する。航空機の安全飛行と運航管理の飛行援助のための通信を行
う航空局である。1987年から運用されている無線局である。

(2) 飛行援助用航空局の周波数と運用

航空管制業務が行われていない飛行場に設置される「飛行援助用航空局」
が航空機の飛行援助のための通信に使用する周波数として、航空移動(R)業務
用の VHF を割り当てている。(無線局運用規則第152条)

〈飛行援助用航空局の例〉

[飛行場名]	[呼出名称]	[周波数]
・大分県央飛行場 （施設者：大分県）	Oita Kenou Flight Service	130.80MHz
・大利根場外離着陸場（茨城） （施設者：日本飛行連盟）	Ohtone Flight Service	130.70MHz
・舞洲ヘリポート （施設者：大阪府大阪市）	Osaka Flight Service	130.80MHz

(3) 飛行援助業務の通信

飛行援助用航空局が航空機局に対して提供する情報は、その飛行場の滑走
路の状況、気象状況、飛行場内トラフィック、その他、離着陸時の安全に係
わる周辺空域の航空トラフィックの情報などである。なお、この業務で航空
機局への情報提供は、航空交通管制機関の情報でないことを認識し、正確か
つ慎重に行う必要がある。

6. 国内航空運送事業者の航空局の運航管理通信の特例適用措置

国内航空運送事業者が外国航空機と交信する運航管理通信については、電気
通信業務を行うことを目的とする無線局との間の通信として、電気通信事業者
である日本航空無線サービス㈱が成田国際空港ほか7空港に航空局を開設し運
航管理通信サービスを提供しているが、その他の空港では、当該サービスの提
供がないため、航空運送事業者が外国航空機と直接行うことができない状況に

あった。

　そこで、電波法第52条（目的外使用の禁止）のただし書きの適用により、「運航管理通信は、航空機の安全運航、効率性に係わる通信であり、外国航空機に搭乗している人命・財貨の保全に重大な関係をもつ通信として、上記の「その他の空港」において、運航支援を行う航空運送事業者の航空局が外国航空機局を通信の相手方として通信を行うことができるとする規定の整備を行い2005年3月3日から「航空局の免許状に記載された通信の相手方の特例措置」として施行された。

（参考）　電波法施行規則第37条第20号：
　　　　電気通信業務を行うことを目的とする航空局が開設されていない飛行場に開設されている航空運送事業の用に供する航空局と外国の航空機局との間の正常運航に関する通信

第8章　航空機搭載の無線通信設備

　デジタル機の導入に伴い、地対空の無線連絡には従来からの無線電話に加え、データ通信が可能になり、機上のコンピュータと地上の運航ホストコンピュータとが直接接続されるようになった。特に最新のデジタル機の特徴は、これまで個別に導入してきた操縦（飛行制御）、エンジン、燃料、与圧空調などの系統別の自動化システムが、新たに機上に装備した飛行管理コンピュータシステム（FMC：Flight Management Computer）の中にサブシステムとして組み込まれたことである。航空機の飛行管理を行うトータルシステムの導入は、パイロットのワークロードを著しく軽減するとともに、空地データリンクによる地上からの支援体制をより強化することになっている。本章では機上のアビオニクスシステムについて述べることとする。

1．航空機局の無線送受信機

　航空機は、地上の ATC 機関や自社のオペレーションセンターと無線電話やデータ通信（注）による連絡手段を確保するための無線通信機器を搭載している。

（注）　HF 帯で安定したデータ通信を行う技術として、HF 帯データリンクが、米国が中心になって研究開発され導入されていることから、我が国では、近年の航空輸送量の増加によりデータ通信の需要が高まり、2005年 6 月から条件を整備し導入

された。使用周波数帯は、現在割当の周波数(R)業務（2.8MHz – 22MHz）とほぼ同じであり、方式も SSB 方式である。

　この HF データリンクには、①電波伝搬特性が最も良い周波数に自動切替えで安定した通信の実現、②静止衛星のカバーエリア外（極地圏）でも通信が可能といった特徴があり、航空機の位置通報、気象情報及び運航管理に係る業務通信にも利用可能である。

(1) **短波**（HF）通信システム

　この HF 通信システムは、古くから機上に搭載されている無線通信設備の一つであり、HF の電波伝搬特性を十分考慮して航空機は常時、複数の周波数が使用できるよう配慮されている。

① 使用目的

　航空移動業務用の短波（HF）は、現在では超短波（VHF）によってカバーできない洋上、砂漠、極地帯などを飛行する長距離用通信に使用される。HF は発射した電波が電離層と地表の間を反射して伝搬するという特性を利用しているため、電離層の変動現象で安定した通信を確保できないという欠点があるが、現在に至るも航空管制通信、運航管理通信の重要通信に使用されている。地球の両極地域含め全世界をカバーする安定した衛星通信システムが導入されるまでは不可欠のシステムである。（第12章 1 – (5)参照）

② 送受信機器の主要性能（例）

　・周波数範囲：2000-22000kHz（周波数間隔：1 kHz）

　・変調方式：SSB（Single Side Band）方式

　・送信出力：SSB 400W（peak）

　・温度範囲：（動作可能）−55〜＋71℃

③ 台数とアンテナの取り付け

　大型航空機では、短波（HF）通信機器は通常二重装備されており、機内通話システムを介してパイロットの送受話器（ヘッドセット）に連結している。アンテナは、主翼先端部や垂直尾翼の前縁に埋め込まれている。

送受信機の搭載台数分が埋め込まれている。

④　セルコール装置の使用

　　送受信機には、セルコール（SELCAL）装置が取り付けられており、個々
の航空機局に対して呼出コードが決められている。地上の管制機関から航
空機局への呼出しには、その航空機のフライトプランに記載されているセ
ルコールコードを使用するので、通信設定は容易となる。なお、このコー
ド（4文字）の指定は、米国の ARINC 社が重複しないよう一元的に管理
している。

(2)　**超短波**（VHF）通信システム

　　VHF の送受信機は、航空機にとって搭載が義務付けられている最も重要
な機上設備である。ITU 無線通信規則では、第一地域–第三地域共通の航空
移動(R)業務用の VHF バンドとして分配しており、ICAO 第10附属書ではさ
らに国際・国内別にブロック分配を行っている。

①　無線周波数バンド

　　航空移動(R)業務用の118-137.000MHz の周波数バンドで25kHz 間隔の
チャネル設定を行っている。需要増に備えて、8.33kHz 間隔に移行準備中
である。欧州では、既に8.33kHz 間隔に移行が完了した。

②　変調方式

　　・振幅変調方式（AM）

　　・通信方式：片方向通信方式

③　機上装備

　　通常、大型機では3セット、小型機でも最小1セットは装備している。

　　VHF 送受信機の音声入力と出力は、機内通話システム（ICS：Inter
Communication System）を介してパイロットのヘッドセットと接続され
ている。また、HF 装置と同じようにセルコール装置が使用できるように
なっている。

④　VHF 通信装置の主要性能

　　・周波数範囲：118.000-136.975MHz

110

・周波数間隔：25kHz

・チャネル数：760

・送信出力：25W（平均）

・外形・寸法：125mm（幅）、155mm（高さ）、320mm（奥行）

・重量：5 kg

⑶ **空地データリンクシステム機器**

　航空機との通信には、従来から HF/VHF の無線電話が使用されてきたが、1972年の ICAO の第7回航空会議の勧告に基づいて ARINC が研究開発したシステムであり、機上に搭載されている従来からの無線電話用 VHF 送受信機一式をそのままデータ通信にも利用できるようにしたことである。1977年から北米で ACARS（Aircraft Communication Addressing and Reporting System）を構築し運用を開始した。このシステムを一般に空地データリンク・システムという。

① 機上データリンク・システムの構成

　　空地データリンク用の機上送受信機は、3台搭載の無線電話用の VHF 送受信機のうちの1台を使用し、システム機器の構成は次の通り。

　(a) VHF-AM 無線送受信機

　(b) データリンク制御装置

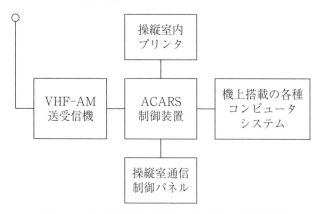

図8－1　機上空地データリンクシステムの基本構成

(c)　無線通信制御パネル

(d)　複合入力プリンタ

(e)　複式制御表示器

② データリンクの通信方式

　　空地データリンクの無線チャネルでの通信方式は次のとおり。

(a)　使用周波数：131.450MHz（我が国のみ）

(b)　変 調 方 式：振幅変調方式（A2D）

(c)　占 有 帯 域 幅：6kHz

(d)　変 調 符 号：NRZ符号（＊）

(e)　伝 送 速 度：2400bps

(f)　信　　　　　号：MSK変調　・マーク信号 =1200Hz

　　　　　　　　　　　　　　　　　・スペース信号 =2400Hz

(g)　メッセージ構成

冒頭部（34文字）	本文データ（最大220文字）	末尾部（4文字）

（＊）　NRZ（Non-Return to Zero）符号 = マーク信号が連続した時、電圧の変化がない。参考までにパルス一つずつに区切りがあるものをRZ符号という。

③ 機上システムの機能

　　機上の空地データリンク用VHF送受信機の主な機能は次のとおり。

(a)　受信通報（アップリンクメッセージ）の確認

　　　地上の遠隔送信機から上空に向けて送信されてくるメッセージの宛名（航空機の識別記号）が自局宛のものであるかを認知すること。

(b)　送信通報（ダウンリンクメッセージ）の送出

　　　航空機発信のメッセージの前置部に自局の識別記号を付加して送出する。その発信信号には、地上からのポーリングに対する応答と機上の送信要求（デマンドモード）の2種類がある。現在は、専らデマンドモードによって運用している。

④ データリンクチャネルの設定

　　航空機発信のメッセージは、地上の複数の遠隔制御局（RGS）が受信し

そのまま地上回線に中継すると多量の重複メッセージを発生させてしま
う。この重複を防ぐため、各 RGS は、一定時間間隔で常時、スクイッタ
（無効通報）信号を発信し、航空機局はそのスクイッタ信号を受信してダ
ウンリンクに最適の RGS を選定している。そして、ダウンメッセージが
あるとその時点で最適の RGS を選定してデータリンクチャネルを設定す
る。

⑤　UHF 衛星通信チャネルの伝送系システム

VHF チャネルによる地上の空地データリンクサービスが提供されてい
ない砂漠等の航空路や陸地から遠く離れた洋上の航空路を飛行する航空機
が空地データリンクを確保するために、インマルサット衛星通信を利用す
ることができる。この通信衛星系のシステムは、前記①の VHF システム
に追加して装備されるのが一般的である。

⑷　**航空機用救命無線機**（ELT：Emergency Locator Transmitter）

航空機が遭難あるいは墜落などの事故を起こした場合、この航空機用救命
無線機は、自動的に121.5MHz と406MHz の電波を発射して事故の発生を知
らせ、事故の早期発見と迅速な捜索、救難活動の発動に役立つ機器である。

墜落の衝撃を感知して自動的に遭難信号を発射する自動型、水中に投げ込
むことで浮上自立し遭難信号を発射する水中型、手動でスイッチを入れるこ
とにより遭難信号を発射する手動型がある。発射された電波をコスパスサー
サット衛星で受信し捜索する。

ELT は航空法施行規則により装備義務が定められている。

技術基準は無線設備規則において、航空機用救命無線機の技術的条件とし
て定められている。

なお、飛行中の義務航空機局は、121.5MHz（緊急及び遭難用周波数）を
聴守しなければならない。

2．航空機局の無線航法システム機器

航空機は送受信機器のほかに、種々の無線航法システム機器を搭載している。

(1)　**ADF**（自動方向探知機）

　ADF受信機は、機上に設置するのが容易なことから1937年頃から航空機に搭載されるようになった最も古い無線航法機器であり、現在でも小型機から大型機に至るまで幅広く使用されている。この装置は、機上で地上局からの電波の到来方向を検出することによって航空機の機軸に対する地上局の方位を求めるものである。ADFは、190-1750kHzの長波（LF）と中波（MF）で使用され、探知する地上局は予め位置が明確になっているNDB（無指向性無線標識、周波数190-550kHz）や中波の放送局である。機上のADFシステムは、二つのアンテナ（ループアンテナとセンスアンテナ）、受信機、方位指示器及び制御パネルで構成されている。

(2)　**VOR／DME**

　計器飛行方式（IFR）の航空機は、VOR受信機とDME送受信機を装備することが義務付けられており重要な航法機器の一つである。

①　VOR（超短波全方向式無線標識）

　VORシステムは、地上のVORと機上のVOR受信機とで構成され、航空機から見た地上局の方位を知る航法システムである。機上VOR受信機は、アンテナ、受信装置、制御パネル、指示器で構成される。VOR受信機は、108.0-117.975MHzの間に50kHz間隔で200チャネルの周波数を受信できるように設計されている。なお、民間機と軍用機のため地上に設置されているVORTAC（VOR/TACAN）はVORとタカンを併設したものであり、民間機搭載のVORとDMEが使用できるシステムである。

②　DME（距離測定装置）

　DMEシステムは、通常VOR航法装置と組み合わせてVOR-DME方式として使用する。DMEによる距離測定は、航空機搭載のインタロゲータ（質問機）と地上装置のトランスポンダ（応答機）で構成される二次レーダー方式のシステムによるものである。機上DMEは、1025-1150MHzの間に1MHz間隔で126チャネルの周波数を送信できるように設計されている。なお、軍用の地上航法システムであるタカンの距離測定部分は、

ICAO によって DME の国際標準方式として定められている。

(3) **ILS 受信機**

航空機搭載の ILS 用機器は、ILS 受信機、アンテナ、制御パネル及び指示器で構成されており、計器着陸を行う大型機には必ず搭載されている装置である。ILS 受信機は、ローカライザ及びグライドパスの地上装置からの誘導電波を受信して進入着陸コースの左右、上下の偏移を指示し、マーカ・ビーコンからの電波を受信して進入開始位置（距離）や決心高の位置を知るためのものである。

(4) **電波高度計**（Radio Altimeter）

電波高度計は、地上や海面に向かって電波を発射し、その反射波を受信して電波の往復時間を測定して絶対高度を求める計器であり、レーダーの原理を応用している。この高度計は、一般に低空飛行、ILS や自動操縦による進入等の高精度の着陸を行うのに不可欠な航法用計器であり、通常2,500フィート以下で使用される。その他、電波高度計は機上に装備されている対地接近警報装置（GPWS：Ground Proximity Warning System）やウインド・シア検知システムにも情報を提供している。電波高度計は、大別してFM型とパルス型の高度計の2種類があり、送信機からは、4250-4350MHz の電波が発射される。なお、参考までに高高度飛行では気圧高度計が使用される。

(注) 電波高度計は、航空法一部改正（平成17年法律第80号）により、悪天候で視界が悪い場合でも航空機の着陸を可能とする高カテゴリー航行による計器着陸装置を用いた精密進入及び着陸を行う義務航空機局には、機上装置としてこの無線設備が新たに義務付けられた。（参照：航空法第83条の2、同施行規則第191条の2、告示平成17年第777号）

(5) **気象レーダー**

気象レーダーは、航空機の進行方向の気象状況を把握するための機上装置であり、悪天候のため視界不良の時や夜間でも雲や強い降雨をレーダースコープ上に表示させる。また、この種のレーダーは、山、河川、海岸線等の地形も映し出すことができるため、航空機のおよその現在位置を確認するためにも利用される。

① システムの構成

気象レーダーは、アンテナ、送受信機及びレーダースコープと制御器で構成され、一般にアンテナは機首ドーム内に、送受信機は機上の主電子機器架に、レーダースコープと制御器は操縦室内に設置されている。レーダーエコーは、ナビゲーションディスプレイ上に、航法に必要なデータとともに表示される。

② 使用周波数

気象レーダーに使用する周波数は、Cバンドの5GHz帯（5400MHz）とXバンドの9GHz帯（9375MHz）の2種類がある。Cバンド（5.6cm波）は強雨量時の観測に優れており、一方、Xバンド（3.2cm波）はレーダーの手前に降雨による減衰がない場合の遠距離探知能力に優れている。

（＊）Cバンド＝3900-6200MHz、Xバンド＝6200-10900MHz

③ システムの機能

コクピットのレーダースコープ上での気象レーダーのエコーは、その強弱によってカラー（赤、黄、緑等）で表示され。

⑹ **二次監視レーダー**（SSR）のトランスポンダ

地上の二次監視レーダー（SSR）から航空機に向けて発射する質問信号をモードパルス（Mode Pulse）といい、機上に装備したトランポンダ（応答装置）がこの質問信号を受信して応答する。

① ATCトランスポンダ（モードA、モードC）

航空機のATCトランスポンダのモードA応答は、航空機の識別のために用いられ全部で12個の符号組み合わせで4,096通りの識別が可能である。モードC応答は、航空機の気圧高度計のデータを符号化して送信する。

地上のSSR局は、航空機局のATCトランスポンダの応答信号を受信し、それを解読することによって航空機の位置（距離と方位）、識別符号、高度のデータを入手して航空管制業務を行う。したがって、IFR航空機が出発するときにはATCクリアランスの中でトランスポンダのコードが指

定され、離陸開始前にそれを作動させる。なお、国際航空路を飛行する航空機は、別の国の航空管制区に入域する前に管制官によって新たなトランスポンダのコードが指定される。

② SSR モード S システムの導入

モード S トランスポンダは、地上の SSR モード S システムに対応する機上の応答装置であり、現在使用されている ATC トランスポンダ方式と互換性があり、ICAO の国際標準方式の新しいシステムである。モード S の質問と応答の信号フォーマットには、モード S 装備の航空機を個別に識別するアドレス（24ビット）が含まれている。地上からのモード S の質問信号を受信した航空機は、その信号の中に自分のアドレスがあるかチェックし、一致した場合のみ応答する方式である。さらにその質問と応答のフォーマットのデータブロックには任意にデータを入れることができるので地上 SSR／モード S 局と個々の航空機局の間でデータリンクが可能となる。

(7) **航空機衝突防止システム**（ACAS：Airborne Collision Avoidance System）

ICAO は、航空機相互の衝突を防止する機上システムとして ATC トランスポンダの機能を応用した方式を採用することとし、1989年にその技術基準を定めている。一方、米国では1989年連邦航空規則を改正し1993年12月以降に米国に乗り入れる外国航空機にも ACAS の搭載を義務付けている。なお、米国では ACAS を TCAS（Traffic Alert and Collision Avoidance System）と呼んでいる。

① ACAS のシステム機能

ACAS は地上設備から独立して作動する機上装備のシステムであり、レーダービーコン信号によって周辺を飛行する航空機を監視する。衝突の危険がある航空機の接近を検知すると、回避に必要な次のデータ情報を提供する。

　・対向機の位置情報（TA：Traffic Advisory）

　・自機の回避情報（RA：Resolution Advisory）

② ACAS の種類

　ACAS システムは、次の３段階に分けてシステム機器の開発が進められており、通常、ACAS-Ⅰは小型機に、ACAS-Ⅱは大型機に、ACAS-Ⅲは現在研究開発中となっている。

　・ACAS-Ⅰ：対向機の位置情報（TA）のみ

　・ACAS-Ⅱ：対向機の位置情報（TA）と垂直面の回避情報（RA）

　・ACAS-Ⅲ：対向機の位置情報（TA）と垂直面／水平面の回避情報
　　　　　（RA）

③　ACAS-Ⅱのシステム構成と性能

　ACAS-Ⅱの監視範囲は14マイル以上、監視できる対向機の数は30機以上となっており、システムの機器構成は次のとおり

　・指向性アンテナ（トップアンテナとボトムアンテナの２セット）

　・ACAS-Ⅱ送受信機

　・TA 表示器（ナビゲーションディスプレイ上に表示される）

　・RA 表示器（PFD（注）上に表示される）

　（注）　Primary Flight Display：機体の姿勢、フライトディレクター表示、速度、
　　　　気圧高度、昇降計、自動操縦・自動推力装置のモード表示などの集合計器。

④　ACAS-Ⅱの追尾機能

　この ACAS-Ⅱ機能は、ATC トランスポンダを搭載している対向機に対してはモードＣで、またモードＳトランスポンダの搭載機に対してはモードＳで質問を行いその対向機からの応答信号を受信する。その応答信号には高度情報があり、また質問と応答との時間差により相対距離、指向性アンテナでその方位を知り対向機の位置を確認するとともに周期的な質問・応答を繰り返しその追尾を行い、自機に対して接近しているか、あるいは接近の可能性があるかの判定をナビゲーションディスプレイ上に表示する。

⑤　衝突回避の手順

　対向機が自機に対し衝突の恐れのある脅威機と判定すると、ACAS-Ⅱはその脅威機と最接近する位置点の高度差を計算して予測し、最小限の上

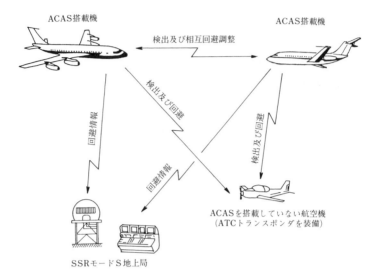

図8－2　ACAS 概念図

昇又は降下動作で安全な間隔が確保できる垂直面での回避情報をパイロットに表示する。回避の方法としては、対向機（脅威機）が ACAS-Ⅱ を搭載しているか否かによって次のようになる。

(a)　ACAS 搭載機相互間での回避

　　ACAS-Ⅱ 搭載の航空機相互間では、互いの回避方向が同一にならないように調整して、RA 指示器に表示してパイロットに指示する。さらに、ACAS 機は地上の管制機関（SSR モード S）に回避情報を送ることができる。

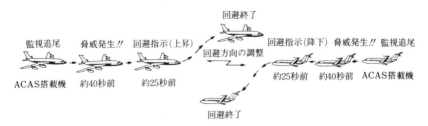

図8－3　ACAS 搭載機同士の場合の衝突回避の手順

(b)　ACAS 搭載機と ACAS を搭載していない航空機間での回避

　　ACAS を搭載してない対向機に対して、ACAS 搭載機は対向機と回避の調整を行わずに RA 指示器に回避を表示してパイロットに指示する。

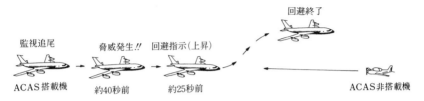

図 8 − 4　ACAS 搭載機と ACAS を搭載していない航空機の場合の衝突回避の手順

(8)　ドップラレーダー（Doppler Radar）

　　ドップラレーダーは、航空機から地上に向けて前後左右に電波を発射し、ドップラ効果の反射波を受信して機上のコンピュータによって航空機の対地速度と偏流角を測定し、飛行の距離と方向を求めることができる長距離用の自立航法装置である。この航法は、地上の援助施設を全く必要としないという洋上飛行などに適した航法システムであったが、その後より精度の高い慣性航法装置（INS）が設置されるようになってからは、その補正システムとして、あるいは対地速度を得る補助的手段として用いられている。ドップラレーダーには、8750MHz から8850MHz までの間又は13.25GHz から13.4GHz までの間の 1 波が使用されている。

(9)　慣性航法装置（INS：Inertial Navigation System）

　　慣性航法システム（INS）は無線機器ではないが、現在の長距離用大型航空機の主要な航法電子機器であるのでここで取り上げることとする。この機器は、外部からの誘導電波を必要とせず、飛行中の航空機の加速を精密に測定する加速度計（accelerometer）とその加速時計を一定の姿勢に保つためのジャイロスコープ、さらに航空機の地球表面の移動に伴う角速度の補正等を行うコンピュータを組み合わせた自立航法システムである。

　　現在は、機械式ジャイロをレーザージャイロに置き換えた IRS（Inertial

Refernce System）が普及している。

　民間の大型機には通常3台を装備し、相互の計測値を比較することにより信頼性をあげている。このシステムの特徴は次のとおり。

① INSの特徴

　　・天候、地形、電波伝搬等の外的の自然現象の影響を全く受けないこと。

　　・地上の航空保安施設等の支援、援助を一切必要としないこと。

　　・航空機からの電波発射や外部からの電波受信がないこと。

　　・両極地域を含めて飛行空域による制約がないこと。

　　・位置情報の外に対地速度、姿勢角、方位角情報が得られること。

② INSの誤差補正

　　飛行時間の経過とともに位置誤差が拡大すること。一般に飛行1時間当たり1マイル程度の誤差といわれており、この時間経過による位置誤差を補正するために、通常は予め予定していた通過地点でドップラレーダーあるいは地上からの無線航法システム又は、GPSを利用してその誤差を補正する。

⑽　**ロランシステム受信機**

　　ロラン（LORAN：Long Range Navigation）システムの機上ロラン受信機（LORAN-C）は、第2次世界大戦中に米英が開発したシステムであり、国際民間航空の発足とともに大西洋や太平洋横断の長距離飛行には不可欠の航法システムであった。このシステムは、数百海里離れた主局と従局の2局から同一周波数（100kHz）、同一周期で繰り返し発射されている電波信号の到達時間差を測定し、ロランチャート上で航空機の位置を決定するものである。先に述べたドップラレーダーや慣性航法システム（INS）が導入される以前は、コクピットに専任の航空士（Navigator）が乗務し、洋上の長距離路線でロラン航法を行っていた。現在の民間航空では使用されていない。

表 8 － 1　航空機局の無線機器一覧表

航空機局の無線機器			機上機器に対応する地上設備	
機上搭載システム名	送　受	周波数	地上設備名	局種と業務内容
① HF 送受信機	送受信	HF	HF 送受信設備一式	航空局
				・航空管制通信
				・運航管理通信
				・VOLMET 放送等
② VHF 送受信機	送受信	VHF	VHF 送受信設備一式	航空局
				・航空管制通信
				・運航管理通信
				・VOLMET 放送
				・ATIS
③ 航空機用救命無線機	送受信	VHF/UHF	VHF/UHF 送受信設備一式	
④ ADF（自動方向探知機）	受信のみ	LF/MF	NDB	無線標識局
⑤ VOR 受信機	受信のみ	VHF	VOR、VORTAC	無線標識局
⑥ DME 送受信機	送受信	UHF	DME、TACAN	
⑦ ILS 受信機	受信のみ	VHF	ILS/LLZ	無線航行陸上局
		UHF	ILS/GP	無線航行陸上局
		VHF	ILS/MM	無線標識局
⑧ 電波高度計	送受信	SHF	---------	---------
⑨ 気象レーダー	送受信	SHF	---------	---------
⑩ ATC トランスポンダ	送受信	UHF	SSR	無線航行陸上局
⑪ Mode-S トランスポンダ	送受信	UHF	SSR Mode-S	無線航行陸上局
⑫ ACAS（⑩⑪に同じ）	送受信	UHF	---------	---------
⑬ ドップラ・レーダー	送受信	SHF	---------	---------
⑭ GPS 受信機	受信	UHF		

3．義務航空機局の無線設備

　航空交通管制の下で航空機が飛行するためには、管制機関との通信を行うための無線機器を装備しなければならない。我が国では、航空法（第60-62条）により航空機が一定の条件下で飛行するには無線機器を装備することを義務付けており、電波法はこの航空法で規定した航空機の無線局を「義務航空機局」と定めている。航空法規則で航空機に装備することを義務付けている無線装置は次のとおり。

(1)　無線機器を装備すべき航空機

　航空法規則が、航空交通管制のために無線電話設備の装備を義務付けた航空機は次のとおり。

①　計器飛行方式（IFR）の航空機

②　航空交通管制区や航空交通管制圏を航行する航空機

③　航空運送事業用の航空機

(2)　IFR 機の装備すべき航法無線装置

　航空法規則では、計器飛行方式（IFR）の航空機は航空機の姿勢、高度、位置、又は針路を測定するための装置を装備することを定めている。これら装置のうち電波を利用する無線装置の機種と台数は次のとおり。

〔無線装置の機種〕　　　　　〔搭載台数＊〕

①　機上 DME 装置　　　　　１セット

②　自動方向探知装置（ADF）　１又は２セット

③　VOR 受信装置　　　　　１又は２セット

　なお、上記の無線機器以外には、航空機の姿勢、方向、旋回を示すジャイロ式指示器、すべり計、精密高度計、昇降計、速度計、外気温度計、秒針付時計等が装備すべき装置としてリストアップされている。

（注）搭載台数（＊）

　　２セット装備する航空機は、最大離陸重量が5,700kg（5.7トン）を超える航空運送事業用の航空機と定めている。重量がそれ以下の小型機は１台の装備でよいと規定している。参考までに、航空機の最大離陸重量とは、貨客と燃料を満載して離陸できる最大重量である。一例として、ボーイング747-400型機の最大離陸重量

は389トンであり、また最大着陸重量にも制限があり286トンである。即ち、その差約100トン以上は搭載燃料の重量となる。

(3) 管制空域を飛行する航空機の無線装置

航空交通管制区（Control Area）、航空交通管制圏（Control Zone）、航空交通情報圏又は民間訓練試験空域における航行を行う航空機は、次の無線装置を装備することを規定している。

① ATC 機関と常時交信可能な無線電話装置　1 又は 2 （＊）

航空機がVHFの電波伝搬覆域の管制空域内のみを航行する場合にはVHF無線電話送受信機を装備する。VHFの覆域外の洋上飛行を行う場合は、さらにHF無線電話送受信機の装備が必要になる。

（＊）航空運送事業用の航空機（最大離陸重量5,700kg 以上）は 2 台装備

② ATC トラスポンダ（ATC Transponder）　1 セット

機上の自動応答装置は、地上からの質問モードに応じたトランスポンダの装備が必要である。（応答符号は4096以上）

・モードA：航空機の識別記号を応答する機能のモードA自動応答装置
・モードC：航空機の識別記号と高度を応答する機能のモードC自動応答装置

(4) 航空運送事業用航空機の無線装置

旅客や貨物を運送する航空会社の航空運送事業用の航空機については、下記の無線装置を装備することを規定している。

① ATC 機関と常時交信可能な無線電話装置　1 又は 2 セット（＊）
② 計器着陸装置（ILS）受信機（＊＊）　1 セット
③ 気象レーダー（＊＊）　1 セット

（＊）：最大離陸重量5,700kg 以上の航空機は 2 セット
（＊＊）：最大離陸重量5,700kg 以上の航空機のみ

(5) 航空機用救命無線機の搭載

航空運送事業用で客席数が20以上の航空機には救急用具の一つとして航空機用救命無線機を 2 セット（うち 1 セットは自動型）搭載することを義務付

けている。

４．義務航空機局の条件

電波法（第36条）は、義務航空機局の条件として「義務航空機局の送信設備の有効通達距離」を定めている。

⑴　VHF 無線電話送信機と ATC トランスポンダの有効通達距離

電波法令（法第36条、施則第31条の３）では、118-144MHz 帯の VHF 無線電話と ATC トランスポンダの二つの機上設備は、その電波の有効通達距離が370.4km 以上であることを定めている。ただし、航空機の飛行する最高高度について、次に掲げる式により求められる有効通達距離＝D の値が370.4km 未満のものにあっては、その値とすると定めている。なお、"h" は航空機の最高高度をメートル（m）で表した数。

$D = 3.8\sqrt{h}$　キロメートル（km）

⑵　機上の距離測定装置（DME）の有効通達距離

航空機に設置する距離測定装置（DME）の送信設備については、314.8km 以上であることを定めている。ただし、航空機の飛行する最高高度について、上記⑴の式で求められる D の値が314.8km 未満のものにあっては、その値とする。

⑶　機上の気象レーダーの有効通達距離

航空機用気象レーダーの送信設備については、その有効通達距離は航空機の最大巡航速度の区別に従って次の表のとおりとする。

表８－２　気象レーダーの有効通達距離

航空機の最大巡航速度	有効通達距離
毎時　　185.2 km 以下	46.3 km 以上
毎時　　370.4 km 以下	92.6 km 以上
毎時　　648.2 km 以下	138.9 km 以上
毎時　　926.0 km 以下	185.2 km 以上
毎時　1,203.8 km 以下	231.5 km 以上
毎時　1,203.8 km を超えるもの	277.8 km 以上

5．航空機局のアンテナ配置

　航空機局には、表8-1で示したように種々の無線設備を搭載しており、その装備も安全性と信頼性を高めるために二重あるいは三重に装備されている。これら無線設備のアンテナの取り付けは、機体の特定な場所に限定されるため、相互に電気的な影響がないように配置されている。また、レーダーなどはその使用目的から取り付け位置は機体の先頭部に限定される。代表的な長距離用大型機であるB747-400型機の装備状況は、図8-5のとおりである。

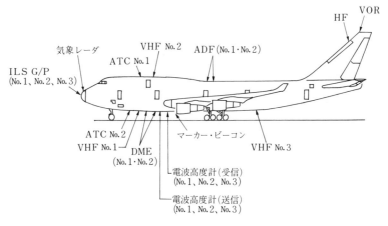

図8-5　B747-400のアンテナ配置図

6．インマルサット衛星の航空機地球局

　インマルサットの航空衛星通信サービスは、空地データリンクと航空公衆通信の二つに利用されているが、VHFの地上系システムと異なる点は、衛星通信用アンテナ一式の搭載を前もって予定しないで就航している航空機に新たにアンテナを取り付けるためには大がかりな機体改修作業が発生することである。1990年に入ってインマルサット通信衛星が利用できるようになり洋上飛行などを伴う長距離用の大型デジタル機の新規導入では、事前にインマルサット衛星通信用送受信機一式を装備した上で機体の引き渡しを受ける航空会社が多くなってきている。

⑴ 低速データリンク用の機上機器設備

VHF の空地データリンクが利用できない洋上などの空域で空地データリンクを確保するためには、航空機にインマルサット衛星通信用の送受信機設備一式を装備する必要がある。その低速データ伝送用システムの基本構成は次のとおり。

① 無指向性の低利得アンテナ一式（Low Gain Antenna）

低利得アンテナは、米国や日本で開発・製造されており、一般にヘリカルアンテナ（＊）が使用されている。

② 無線周波数ユニット（RFU：Radio Frequency Unit）

③ 衛星データユニット（SDU：Satellite Data Unit）

（＊）ヘリカルアンテナは、アンテナ素子が螺旋状になったもので、衛星通信やUHF の TV 放送用、移動無線の基地局に利用される。

なお、高速データリンク用については、平成16（2004）年９月 L 帯（1626.5-1660.5MHz）を使用する航空機地球局の技術的条件の整備が行われ、また、相手方となるインマルサット携帯移動地球局のインマルサットBGAN（Broadband Global Area Network）型についても技術的条件の整備が行われ、このシステムが導入されている。

図８－６　航空機地球局の低利得アンテナ例

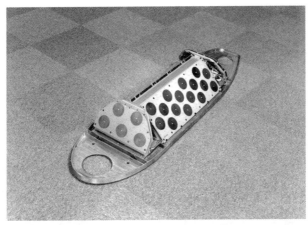

図8－7　航空機地球局の高利得アンテナ例

(2)　機上衛星通信設備の使用制限

インマルサット通信衛星は、赤道上に打ち上げられた静止衛星であるため両極の上空や高緯度の航空路上では使用できないため、次のような制約が課せられている。

①　高利得アンテナの装備

航空機にインマルサット通信衛星用の電話と高速データ通信のための送受信設備を装備するためには、機体に指向性のある高利得（ハイゲイン）

アンテナ設備や高速データ伝送設備を装備する必要がある。しかし、指向性アンテナは、航空機の急旋回、あるいは急上昇・下降などの飛行姿勢に応じて正しく静止衛星方向を維持することが困難であり、アビオニクス・メーカー各社も苦心しているところである。ハイゲインアンテナは、機体の側面に設置するタイプのコンフォーマル型のものと、もう一つは機体の上部に取り付けるトップマウント型の二通りが開発、製造されている。

② 航空機地球局の運用制限

電波法令では、インマルサット通信衛星を利用する航空機地球局がその航空機の航行中に常時運用することを要する空域は、航空機が水平飛行を行っている状態において、そのアンテナの仰角が5度以上となる空域と定めている。

(3) 航空機地球局の無線設備

航空機に搭載されている航空機地球局のアンテナを含む無線設備の搭載例を図8-8に示す。

(4) 衛星通信による航空公衆通信サービス

現在、インマルサット通信衛星がグローバルな航空公衆通信に利用できるようになったことから一部の大手航空会社は、新規導入の長距離用大型機にハイゲインアンテナを装備し、空地データリンクを確保するとともに、国際電気通信事業者と協力して旅客に国際航空公衆通信サービスを提供できるようになったことである。航空会社にとっても、安全通信に絶対的な優先順位をつけて航空機電話（公衆通信）を機上の同一の無線機器設備で取り扱えるということは、システムの維持管理上の通信コストの低減化にもつながっている。

(5) Ku帯を用いた航空移動衛星通信サービス

光ファイバーやADSL、無線LAN等の活用によるインターネット利用環境の整備が急激に進められている中、航空機内でも、旅客への電子メールの送受信やウェブページ閲覧等のインターネット接続サービスの提供、リアルタイムのニュースやスポーツ中継の配信等、ブロードバンド通信に対する

ニーズに対応すべく、2003年に開催された世界無線通信会議で、14-14.5GHz帯が航空移動衛星業務へ二次分配された。インマルサット衛星を利用したこのシステムは、我が国においても、平成16（2004）年3月技術的条件の整備が行われ、導入された。旅客は、上空にいながら地上と同等のインターネットサービスを享受できる環境が整ったことになる。

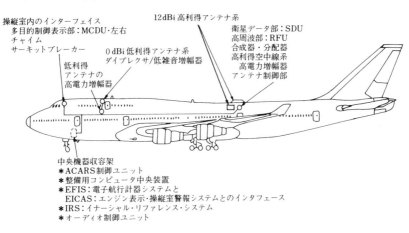

図8－8　航空機地球局の無線機器設備の装備例

第9章　航空通信の無線従事者

　無線通信規則は、航空機と船舶に乗務する無線通信士の証明書について、その等級、種類と証明書発給の条件について規定している。ICAO の第 2 附属書は、この ITU の規定に基づいて航空従事者としての無線通信士の資格を規定している。本章では、電波法の無線従事者としての「航空無線通信士」と航空法の航空従事者としての「航空通信士」の二つの資格とその関係について解説する。

1．無線従事者制度のはじまり

　無線が船舶通信に便利であることが知れわたり、大洋を航海する大型汽船に無線装置を搭載するようになったのは1898年頃からであり、同時に海岸局の数も増えていった。無線局設備を操作するオペレータは、無線従事者として国際的な資格が必要ではないかと議論が出始めたのは、英国マルコーニ社と独のテレフンケン社の 2 社が新型（火花式）の無線電信装置を製造し、世界各国の海岸局と大型船舶に設置するための販売競争を始めた頃であった。

　英国は、1904年に無線電信法を制定している。1906年11月にベルリンで締結された国際無線電信条約の附属業務規則（現在の国際電気通信連合憲章に規定する無線通信規則）で「船舶局の業務は、その船舶の属する政府によって交付された免状を所持する電信技術員にこれを行わせることを要する」と定め、現在

に至る国際無線従事者制度が発足している。

(1) 我が国の無線従事者制度

　上記の国際無線電信条約が制定された当時、我が国では、無線電信業務は
すべて国の機関によって行われていたが、1915年6月に無線電信法（現在の
電波法の前の法律）とその私設無線電信規則が制定され、民間でも大型商船
などに無線電信施設の設置が認められるようになった。

　航空法（旧）が1921年に公布されたことを契機に無線電信法の改正が行わ
れ、航空機はこれを船舶と見なし、航空機に設置される無線電信と無線電話
の施設に対しても私設無線電信規則が適用されるようになった。

　その後、無線通信の進展に伴う国内法規則の改正と増補が行われ、1932年
のマドリッド国際電気通信条約の改正に伴い、1933年には私設無線電信無線
電話規則が制定された。この規則では、無線通信の業務を取り扱う航空機局
には、無線通信士の資格者を配置することが義務付けられた。また、1940年
には、電気通信技術者資格検定規則が制定され無線設備の保守に従事する無
線技術士の資格制度が導入された。

(2) 航空無線通信士の乗務時代

　第2次世界大戦前後の時代（1930-1950年）のプロペラ大型機の運航乗務
員は、機長と副操縦士のほかに航空機関士、航空士、無線通信士の5名体制
であり、1等及び2等無線通信士はHFによるモールス電信により地上と遠
距離通信を行うことができる唯一の乗務員であった。そして、戦後間もなく
して民間航空路にはVHFの無線航行援助施設や対空無線電話設備が完備さ
れるようになってモールス電信は無線電話に替わり、運航乗務員として専任
の航空通信士の乗務は必要なくなった。さらに、最初のジェット機時代
（1950年代）を迎えて、プロペラ機時代の国際長距離路線の運航乗務員のメ
ンバーであった航空士（Flight Navigator）は、最新航法システム機器が装
備されるようになって廃止された。最近のデジタル機は航空機関士の乗務を
必要とせず、機長と副操縦士の2人体制で運航されるようになってきてい
る。

　一方、民間の航空路以外を飛行する長距離用の航空機、洋上などで救難・捜索の飛行を行う航空機局、あるいは軍用機などの航空移動（OR）業務を行う航空機局では、その飛行目的に応じて専任の航空通信士と航空士を必要とする一面がある。

２．ITU 無線通信規則の無線従事者資格

ITU 無線通信規則は、航空移動業務の航空機局と航空局及び航空移動衛星業務の航空機地球局と航空地球局の設備操作を行う無線通信士の資格について次のように定めている。

(1)　無線電話通信士証明書（Radiotelephone Operators' Certificates）

　航空移動業務と航空移動衛星業務に従事する無線従事者の資格証明は、各国の主管庁機関が発給すると定めている。その証明書の種類は次の二つである。

① 　無線電話通信士一般証明書（general certificate）

② 　無線電話通信士制限証明書（restricted certificate）

(2)　無線電話通信士一般証明書の試験

　無線電話通信士一般証明は、各主管庁機関が実施する職務上の知識と技能の試験に合格した者に発給すると定めている。試験の内容は次のとおり。

① 　無線電話の初歩の原理の知識

② 　無線電話機器の実地の運用と調整の詳しい知識

③ 　電話によって正確に送信と受信を行う技能

④ 　無線電話の通信に適用する無線通信規則のうち、特に「人命の安全」に関する部分の詳しい知識

(3)　無線電話通信士制限証明書の発給

　無線通信規則では、第一地域を除く各国の主管庁は、上記(2)の一般証明書と比較してその発給条件を緩和した「制限証明」を発給することができると規定している。この制限証明は米国で一般的に発給されている証明である。この制限証明の対象となる航空機局用の無線電話送受信機は、航空移動業務

用の VHF 周波数を使用するものであって、その機器の操作は、外部取付けの切替装置で簡単にできるものである。そして、各国主管庁は、次の試験を課して「制限証明書」の発給を独自に定めることができることを定め規定している。

① 無線電話の運用及び実地の知識

② 前記(2)の一般証明の試験③と④と同じ

(4) 航空機運航乗務員としての無線通信士の条件

無線通信規則では、航空機局の航空移動業務は、その航空機運航の権限を有する機長の下で行うことを定めている。

① 航空機局の運用

航空機局の運用は、局の属する政府が発給した証明書を有する通信士が管理しなければならない。そのような状況下で運用されるならば、証明を所有しない者も運用できると定めている。

② 運航乗務員の条件

無線通信士証明の発給を受けた者が運航乗務員として無線通信業務に従事する場合は、その証明書を発給した主管庁は機上の通信機器装置の使用経験、航行に関する技術知識や実務経験、身体適正等の他の条件を付加することができると定めている。

表9-1　航空移動(R)業務に従事する無線通信士の名称

局区分	ITU 無線通信規則	ICAO 附属書	航空法	電波法
航空機局	無線電話通信士（一般証明） 無線電話通信士（制限証明）	飛行無線電話通信士証明	航空通信士	航空無線通信士
航空局	有資格者を配置すること。	航空局通信士証明	－ － －	航空無線通信士第一、第二級総合無線通信士

(5) 航空局の職員

航空移動業務と航空移動衛星業務の地上局（航空局と航空地球局）設備を有効且つかつ効果的に運用するために、無線通信規則は、各国の主管庁はこの地上局に勤務する職員を対象に各国の判断で無線従事者の資格を定める必

要があると規定している。なお、ICAO 附属書ではこの規定に基づいて航空局通信士の資格を定めている。

3．ICAO の無線通信士免許

　ICAO 条約第 1 附属書「航空従事者の免許（Personnel Licensing）」は、航空従事者資格の国際標準を定めたものであるが、このうち航空機の運航乗務員として航空機局の設備操作を行う無線通信士及び航空交通機関の地上職員として航空局の設備操作を行う無線従事者について次のように定めている。この規定は、前記 2 節で述べた無線通信規則に基づく規定である。

⑴　**飛行無線電話通信士**（Flight radiotelephone operator）

　飛行無線電話通信士は、運航乗務員の無線通信士としての資格証明の名称であり、無線通信規則の無線電話通信士（Radiotelephone operator）の一般証明と同一のものである。ICAO 附属書ではその ITU の証明が航空機装備の無線設備の操作に適合しているものであれば、申請者が既に所有している免許証に裏書きするか、あるいは別の免許証を発行してもよいと定めている。

　なお、電話とモールス電信の両方の無線通信操作を行う通信士として以前から使用されてきた「飛行無線通信士（flight radio operator）」という名称は1994年11月以降使われなくなった。

⑵　**航空局通信士**（Aeronautical station operator）

　この通信士の資格証明は、無線通信規則で定める航空移動業務を行う航空交通機関の無線局（航空局）に従事する職員（無線通信士）のためのものである。ICAO 附属書では、この資格証明のためには年齢制限（18歳以上）と航空局の有資格者の下で一定期間の経験と技能の習得を行った上で、次の学科試験を実施し、それに合格する必要があると定めている。

①　航空無線電話網の概要

②　HF、VHF 周波数の特性

③　航空移動業務に使用する用語、略語、語句、綴り字アルファベット

④　航空通信に関する通信符号と略号

⑤　航空固定通信網の概要

⑥　遭難、緊急、安全通信の ICAO 無線電話通信方式

⑦　航空交通業務の一般知識等

(3)　航空交通管制官の資格要件

　ICAO 附属書は、各締約国の航空従事者として航空交通機関の業務に従事する航空交通管制官の資格要件を次のとおり定めている。

①　航空管制官の格付

　　航空管制官は、航空局設備の通信操作を行い航空機局と無線電話による連絡手段を維持しながら管制業務を行うが、管制官の業務は次のように区分され格付けされている。

(a)　飛行場管制

(b)　進入管制

(c)　地域管制

(d)　レーダー

②　航空管制官に求められる知識

(a)　航空交通管制に使用する言語とその言語の表現能力

(b)　ICAO 刊行の航空規則

(c)　ICAO 刊行物の規定と航空交通管制方式とその手続き

(d)　ICAO 刊行物の無線電話用語集とその実務、通信施設と通信手続き

(e)　高度計の使用を含む航法の原理

(f)　航法援助施設の適切な型式

(g)　総合天気図、気象通報、天気予報の見方と判断

(h)　航空管制上必要となる航空機の型式別性能

(i)　レーダー機器の基礎、その利用と限界

4．電波法の無線従事者制度

電波法では「無線設備の操作は総務大臣の免許を受けた無線従事者」が行う

という原則の下で、従事者の資格を総合、陸上、海上、航空、アマチュアの 5 分野で合計23種類の資格を定め、さらに陸・海・空の各分野では無線設備の操作範囲を限定した資格として特殊無線技士の資格を定めている。

(1) 無線局設備の操作

無線従事者が行う無線局設備の操作は、次のように通信操作と技術操作に分けられる。

① 通信操作

国際・国内規則の手続きに従って、マイクロホンを通して相手先と通信設定を行い、専門用語・略号を使用して通報の送受などを行うことをいう。その他、キーボードとプリンタによるデータの送受信を行う。

② 技術操作

通信を能率良く行うために送受信機器一式の外部点検、保守、調整することをいう。一般に機器の製造、設置や修理は含まれないが、電波発射を伴うテスト・調整作業には技術操作の資格が必要となる。

(2) 資格区分と操作範囲

電波法では、無線従事者資格の名称を次の 3 種類に区分している。

① 無線通信士

無線局設備の通信操作を主たる業務とした資格の総称であり、その通信操作に付帯した技術操作も行うことができるようになっている。この最上位資格である第一級総合無線通信士は、無条件にすべての無線局設備の通信操作を行うことができる資格であるが、技術操作は第二級陸上無線技術士の操作範囲となる。

② 無線技術士

技術士資格は、陸上において無線局設備の技術操作のみを行う資格の総称である。この最上位資格である第一級陸上無線技術士は、すべての無線設備の技術操作を行うことができる。但し、通信操作はできない。

③ 特殊無線技士

陸・海・空の 3 分野で「特殊無線技士」の資格を政令で定めている。こ

の資格の操作範囲は、無線局の設備のうち、ごく限られた範囲の設備に限
定して操作できる資格である。

表9-2　無線通信従事者資格の操作範囲（抜粋）

無線従事者資格	操作の範囲
第一級総合無線通信士	1．無線設備の通信操作（モールス通信を含む。） 2．船舶及び航空機に施設する無線設備の技術操作 3．前号に掲げる操作以外の操作で第二級陸上無線技術士の操作の範囲に属するもの
第二級総合無線通信士	1．次に掲げる通信操作 　①　無線設備の国内通信（モールス通信を含む。） 　②　船舶地球局、航空局、航空地球局、航空機局及び航空機地球局の無線設備の国際通信 　③④⑤　（漁船、船舶に関する事項：省略） 2．次に掲げる技術操作 　①　（省略） 　②　航空機に施設する無線設備 　③　レーダーで①と②に掲げるもの以外のもの 　④　①から③までに掲げる無線設備以外の無線設備で空中線電力250ワット以下のもの 3．第1号に掲げる操作以外の操作のうち、第一級総合無線通信士の操作の範囲に属するモールス符号による通信操作でその指揮の下で行うもの
第一級陸上無線技術士	無線設備の技術操作
第二級陸上無線技術士	1．次に掲げる無線設備の技術操作 　①　空中線電力2kW以下の無線設備（TV放送局の無線設備を除く。） 　②　TV放送局の空中線電力500W以下の無線設備 　③　レーダーで①に掲げるもの以外のもの 　④　上記①及び③以外の無線航行局の無線設備で960MHz以上の周波数を使用するもの

航空無線通信士	1．航空機に施設する無線設備並びに航空局、航空地球局及び航空機のための無線航行局の無線設備の通信操作（モールス符号の通信操作を除く。） 2．次の無線設備の外部の調整部分の技術操作 　①　航空機に施設する無線設備 　②　航空局、航空地球局及び航空機のための無線航行局の無線設備で空中線電力250W以下のもの 　③　航空局及び航空機のための無線航行局のレーダーで②に掲げるもの以外のもの
航空特殊無線技士	航空機（航空運送事業用を除く。）に施設する無線設備及び航空局（航空交通管制用を除く。）の無線設備で次の国内通信のための通信操作（モールス符号の通信操作を除く。）並びにこれらの無線設備（多重無線設備を除く。）の外部の転換装置で電波の質に影響を及ぼさない技術操作 1．空中線電力50W以下の無線設備で25010kHz以上の周波数の電波を使用するもの 2．航空交通管制用トランスポンダで前号に掲げるもの以外のもの 3．レーダーで第1号に掲げるもの以外のもの

(3) 航空分野での通信士資格

　航空通信の分野では、航空無線通信士と航空特殊無線技士の二つの資格がある。その設備操作の対象となる無線通信業務と無線局は次のとおり。

①　航空無線通信士の操作範囲

　この資格は、航空の分野では陸上設備の技術操作に一部制約があるものの、すべての無線局設備の通信操作が可能である。

(a)　航空移動業務　　　：航空機局と航空局

(b)　航空移動衛星業務：航空機地球局と航空地球局

(c)　航空無線航行業務：航空機に対する地上の無線標識局、無線航行陸上局と特別業務の無線局（AEIS、ATIS、VOLMET等）

② 航空特殊無線技士の操作範囲

この資格は、航空運送事業用以外の目的で航空機を使用する自家用小型機や航空機使用事業用の小型航空機やヘリコプタなどの航空機局とその航空機使用事業者が自営する航空局の設備操作のためのものである。通信操作は国内通信の範囲とし、技術操作も無線装置の外部操作に限定している。

(4) 運航乗務員の航空無線通信士資格

現在では、すべての航空機に航空移動業務用の無線送受信機が装備されるようになり、パイロットの資格証明を取得するための初歩の飛行訓練の段階から必要となる法定資格である。指導教官同席の飛行訓練では、訓練生は無資格でも教官の下で通信操作を行うことができるが、自家用操縦士の資格証明を取得し単独飛行を行う段階では「電波法の航空無線通信士」の免許が必要となる。

(5) 運航管理者（ディスパッチャー）

ICAO の勧告及び航空法では、定期航空運送事業用の航空機の機長（PIC）は「運航管理者」の承認を受けなければ航空機の出発とその飛行計画書の変更ができないと定めている。航空会社はオペレーションセンターに運航管理者を配置し、カンパニーラジオを通して航行中の航空機を支援し、航空機の運航管理業務を行うことが義務付けられている。そのカンパニーラジオが、航空会社名義の無線局免許で運用している場合には、その運航管理者は「航空無線通信士」の資格を取得し、局の運用管理と運航管理業務を行う必要がある。

(6) 航空整備士

航空法では、航空従事者として「航空整備士」及び「航空運航整備士」の法定資格を定めている。大手航空会社は、航空機の整備部門にアビオニクス担当の整備要員を配置、機上の無線送受信機、電子航法機器や無線航行機器の整備、点検作業を行っている。航空無線通信士の行うことができる「無線設備の外部の調整部分の技術操作」は、航空整備士が行う日常の定期点検を

行う上で必要な操作である。

5. 無線従事者免許の取得手続

　無線従事者の資格を取得するには、資格別の国家試験を受験し合格すること、合格後に免許申請を行い免許証を受領をすることの2段階制をとっている。

(1) 国家試験

　電波法の無線従事者の国家試験は、国籍、性別、年齢を問わず受験できる。航空無線通信士と航空特殊無線技士の試験科目は、表9－3のとおりである。この試験制度には、科目免除、業務経歴のある者への免除、認定学校の卒業者への免除、あるいは養成課程の修了者への免除などがある。

(2) 無線従事者の免許証交付

　国家試験の合格日、又は養成課程の修了後総務大臣あてに免許申請を行う。過去に免許取消し等の電波法令上の違反がないことの確認と心身の適格性等の審査を行った後に「無線従事者の免許証」が交付される。

表9－3　航空無線通信士及び航空特殊無線技士の試験科目と範囲

資　　格	試験科目及び範囲
航空無線通信士	1　無線工学 　①無線設備の理論、構造及び機能の基礎 　②空中線系等の理論、構造及び機能の基礎 　③無線設備及び空中線系の保守及び運用の基礎 2　電気通信術 　電話　　1分間50字の速度の欧文による約2分間の送話及び受話 3　法規 　①電波法及びこれに基づく命令の概要 　②通信憲章、通信条約、無線通信規則、電気通信規則及び国際民間航空条約の概要 4　英語 　①文書を適当に理解するために必要な英文和訳 　②文書により適当に意思を表明するために必要な和文英訳

	③口頭により適当に意思を表明するに足りる英会話
航空特殊 無線技士	1 無線工学 無線設備の取扱方法（空中線系及び無線機器の機能の概念を 含む。） 2 電気通信術 電話 1分間50字の速度の欧文による約2分間の送話及び受 話 3 法規 電波法及びこれに基づく命令の概要

6．主任無線従事者制度

主任無線従事者制度は、本来、無線従事者でなければ出来ないこととなっている無線設備の操作を、その無線局の主任無線従事者として選任を受けた者の監督の下であれば、だれでも行うことができる制度である。

(1) 主任無線従事者の監督

主任無線従事者が、無線局の設備操作を行う無資格者を監督するには、次のような立場にあることが必要である。

① 臨場性：無資格者が行っている無線設備の操作の状況を適切に把握できる状態。

② 指示可能性：無線設備の操作を行っている無資格者に対して、適時、適切な指示を行い得る状態。

③ 継続性：主任無線従事者と監督を受ける無資格者が、当該無線局の業務に継続的に従事し、教育・訓練の機会が確保されていること。

(2) 有資格者が行う無線設備の操作

主任無線従事者制度の下においてもで有資格者が行うことを義務付けている航空通信の分野での通信操作は次のとおり。

① 航空局、航空機局、航空地球局、航空機地球局の無線設備の通信操作で遭難通信又は緊急通信に関するもの。

② 航空局設備の通信操作のうち、次の通信連絡の設定と終了に関するも

の。(ただし、自動装置によって連絡設定が行われる無線局設備は除く。)

  (a)　無線方向探知に関する通信

  (b)　航空機の安全運航に関する通信

  (c)　気象通報に関する通信 ((b)に掲げるものを除く。)

③　航空交通管制(ATC)業務を行う航空局、航空路監視レーダー(ARSR)や空港監視レーダー(ASR)の無線航行陸上局、NDB や VOR/DME の無線標識局の設備の技術操作を行うこと。

(3)　主任無線従事者の講習受講

  主任無線従事者の選任届を提出した後は、その無線局免許人は定期的に開催されている「主任無線従事者講習」にその選任者を出席させなければならない。その講習の内容は、「無線設備の操作の監督」と「最新の無線工学」の2科目で合計6時間以上の講習で、実質1日で終了するようになっている。

7．航空従事者に必要な無線通信の知識

  ICAO の国際勧告と航空法では、航空従事者の技能証明を取得するためには資格別の最少年齢を設定し、さらに資格別に行う学科と実地の国家試験に合格した者に技能証明を交付すると定めている。この資格別試験には「航空通信と無線航法」についての科目試験があるのでその概要を紹介する。

(1)　運航乗務員の資格別学科試験

  運航乗務員の資格別学科試験のうち「航空通信と無線航法」に関する科目名は表9－4のとおり。

表9－4　運航乗務員の資格別の無線通信に関する試験科目

運航乗務員の資格	無線通信に関する学科試験の科目名称
定期運送用操縦士	・航空通信に関する一般知識 (注1) ・無線航法
事業用操縦士	・航空通信 (概要) (注2) ・無線航法に関する一般知識
自家用操縦士	・航空通信 (概要) (注2)
准定期運送用操縦士	・航空通信に関する一般知識 (注1) ・無線航法

航空機関士	・航空通信（概要）
一等、二等航空士	・航空通信（概要）・無線航法
航空通信士	(本章-7-(3)参照)
計器飛行証明	・無線航法　・航空機用計測器（概要）

（注1）　定期運送用操縦士と准定期運送用操縦士の試験科目には、上記の科目以外に、航空工学、航空気象、空中航法（地文航法、推測航法、無線航法、自蔵航法）、航空法規の科目が課せられている。

（注2）　事業用操縦士と自家用操縦士の試験科目には、上記の科目以外に、航空工学、航空気象、空中航法（地文航法、推測航法）、航空法規の科目が課せられている。

(2)　運航乗務員の資格別実地試験

　　資格別の第2次試験でもある実地試験は、上記(1)に述べた資格別の学科試験に合格した後に行われる。航空無線に関する科目は表9-5のとおり。

表9-5　運航乗務員の資格別実地試験科目（無線通信に関する科目）

運航乗務員の資格	無線通信に関する実地試験の科目
定期運送用操縦士	無線機器の取扱法・航空交通管制官との通信連絡
事業用操縦士	＜上記に同じ＞
自家用操縦士	＜上記に同じ＞
准定期運送用操縦士	＜上記に同じ＞
航空機関士	(無線通信に関する科目なし)
一等、二等航空士	・無線航法
計器飛行証明	・無線機器の利用法（無線機の同調、無線局への帰投、レンジビーコンによる飛行の実地試験が行われる。）

(3)　航空通信士の資格試験

　　航空法では、運航乗務員である「航空通信士」の技能証明を取得するためには、電波法（第40条と第41条）に定める「航空無線通信士」又は「第一級又は第二級総合無線通信士」の免許を取得することを定めている。

①　航空通信士の学科試験科目

　　航空法で定める航空通信士の技能証明の学科試験の科目は次のとおり。

　　なお、この試験は、電波法の無線従事者資格を取得後に行われる。

　　・航空通信（概要）

　　・航空機の構造（概要）

　　・航法（簡略な概要）

　　・航空気象（簡略な概要）

　　・航空法規　(a)国内航空法規　(b)国際航空法規（概要）

② 　航空通信士の学科試験の免除

　　　航空大学校の課程を終了し操縦士の技能証明を取得すれば本人の申請により航空通信士の技能証明の上記①の学科試験は免除される。資格別操縦士と航空機関士の学科試験には上記①の科目とそれと同等又はそのレベル以上の内容を含んでいることの理由による。（表9－4参照のこと）

③ 　航空通信士の業務範囲

　　　航空法第28条では、航空通信士の業務範囲は「航空機に乗り込んで電波法第40条に規定する第一級、二級総合無線通信士又は航空無線通信士の資格者の行う無線設備の操作」と規定し、航空通信士以外の運航乗務員であっても無線従事者の資格があれば無線設備の操作ができると規定している。

④ 　専任航空通信士の乗務廃止

　　　航空通信士の技能証明は、運航乗務員として航空機局設備を操作するための資格であり、航空法第66条で無線設備の装備を義務付けている航空機には、航空通信士を乗務させることと規定しているが、無線従事者資格をもっている別の運航乗務員が、設備の操作を行ってもその乗務員の本来業務に支障がなければ、専任の航空通信士を乗務させなくても良いと定めている。

(4)　**運航管理者の資格試験**

　　運航管理者の資格を取得するためには、年齢21歳以上で航空機の運航に関する一定の業務経験あることと、その技能検定のための学科試験と実地試験に合格することが必要となる。この学科試験は、全部で9科目について実施されるが、航空通信に関係する科目は次のとおり。

① 航空保安施設：航空保安施設の諸元、機能及び使用方法並びに運航上の運用方法

② 無 線 通 信：無線通信施設の概要、通信組織及び施設の運用方法並びに手続

③ 空 中 航 法：無線航法及び推測航法に関する一般知識並びに航法用計器

④ 気 象 通 報：気象通報の組織及び通報式

　上記以外には、⑤航空運送事業用航空機の構造、性能等、⑥航空機の運航、重量配分の基本原則、⑦航空気象、⑧天気図の解析、記号、技術用語等、⑨法規（国内・国際航空法規）の試験科目がある。なお、実地試験には、航空通信に関する科目はない。

　上記の航空保安施設とは次の三つの地上施設の総称をいう。

(a) 航空保安無線施設（NBD、VOR、ILS、DME、TACAN等）

(b) 航空灯火（灯火による夜間の航行を援助する施設）

(c) 昼間用の障害標識施設（色彩や形状による標識）

(5) 航空機整備士資格の学科試験

　航空法では、航空従事者として航空機の整備を行う一等、二等の航空整備士、一等、二等の航空運航整備士および航空工場整備士の5種類の資格を定めている。この技能証明の交付のための学科試験が行われる。試験科目には特に無線設備としての科目は設けていないが、次の科目名の「航空機の装備品」「航空計器」や「電気装置」の中には無線送受信機や無線航法機器が含まれる。さらに、筆記試験の合格者には引き続いて実地試験が行われる。

① 航空整備士の試験科目（一等、二等共通）

・航空機装備品の構造、性能及び整備に関する知識

② 航空工場整備士の学科試験（業務の種類別）

・計器関係：航空計器の構造、性能、試験、整備及び改造に関する知識

・電気関係：航空機用電気装置の構造、性能、試験、整備及び改造に関する知識

第10章　航空管制レーダーと管制情報処理システム

1．航空管制レーダー導入の経緯

　我が国の民間航空路の管制権が米軍から日本政府に移管されたのは1957年である。当時は運輸省東京管制本部が、沖縄を除く日本の全域を管轄し、1963年に当時の東京管制区センター（ACC：Area Control Centre）に初めて航空路監視レーダー（ARSR）が導入されて以来、国内航空路の主要箇所に逐次ARSRを導入し、航空管制のためのレーダー網の整備が進められた。

　当時の航空路の管制方式は、航空機からの位置通報を基に航空機の間隔が設定される「マニュアル管制方式」によって行われていた。1966年には札幌と福岡に管制センターを設立し、さらに1972年には沖縄が日本に返還され現在の札幌、東京、福岡と那覇の四つの管制区体制となった。

　しかし、この間の1971年7月3日に東亜国内航空㈱（2006年に日本航空に吸収合併）の丘珠発、函館行きのプロペラ機が函館空港への着陸降下中に横津岳に激突大破し搭乗者68名全員が死亡した。さらに同じ月の30日には、全日本空輸㈱の千歳発東京行きのジェット旅客機（B727）が、岩手県雫石上空で飛行訓練中の航空自衛隊の戦闘機（F86）に接触し、旅客機の乗員、乗客162名全員が死亡するという「雫石事故」が発生した。こうした一連の事故を教訓として、航空管制システムの情報処理計画がより一層促進されることとなった。その計画の一つが主要な航空路と空港周辺の航空交通管制に「レーダー管制方

式」を導入し、従来の管制業務とレーダー情報を一元的にコンピュータ処理することによって航空管制の精度向上とサービス体制の強化を図り、当時の「空の自由化」に伴う航空トラフィックの増大と主要空港での航空機離発着の過密化に対処することとなった。

そして、1975年には東京管制区管制センター（ACC）に飛行計画情報処理システム（FDP）が、羽田空港にターミナル・レーダー情報処理システム（ARTS）が、それぞれ導入された。その後、1977年には、各 ACC に航空路レーダー情報処理システム（RDP）が導入された。

近年、国内の航空管制は、航空交通需要の着実な伸びを受け、管制空域の運航便数は過去15年で約1.5倍と増加傾向にあり、2025年頃には国内空域の現行の管制処理能力を超過すると見込まれている。一方、近年の航空管制官等の数は減少傾向にあり、システム高度化や業務効率化で需要増大に対応してきたが、限界に達している。

このため、将来の航空交通の需要に対応し、遅延増加となるケースの発生が懸念されることから、航空路空域を上下に分離する再編の実施や空港周辺の空域（ターミナル空域）を統合し、空港を離着陸する航空機の処理に特化したサービス提供の実施により、管制業務処理能力の向上を図り、効率的な運航の実現を目指すこととしている。具体的には、現状の4ブロック（札幌、東京、福岡、沖縄）の航空路空域を高高度（上空10km 以上）と低高度（上空10km 未満））に上下分離するとともに、低高度の航空路空域を東日本と西日本に分離するものである。2018年には那覇管制の機能を神戸へ移転し、2021年には西日本空域の上下分離（高高度空域は福岡管制、低高度空域は神戸管制）を行い、2025年頃には東日本空域の上下分離及び札幌管制機能を停止する予定であり、高高度の航空路空域の管制は福岡で一括し、低高度の航空路空域の管制は、東京（東日本）及び神戸（西日本）がそれぞれ担当することとなる。

２．航空交通管制用レーダー網

航空交通管制のレーダーネットワークは、計器飛行方式（IFR）で飛行する

航空機を対象としてほぼ日本領域の全航空路、主要空港への進入路とその周辺の全域をカバーしている。

(1)　**管制レーダーの種別**

　　レーダー（RADAR：RAdio Detection And Ranging）は、電波を発射して物体からの反射した無線信号と基準信号との比較で無線測位を行う設備をいうが、航空管制用のレーダー機能としては次の2種類がある。

①　一次レーダー（Primary Radar）

　　地上レーダーからパルス波を発射し、そのパルス波が航空機に反射し戻ってくるまでの時間から航空機までの距離を、反射波を受信するアンテナの方向から航空機の方位を測定する装置をいう。

②　二次レーダー（Secondary Radar）

　　地上レーダーから質問信号パルスを航空機局に発射すると、航空機局のトランスポンダがそれに応答する信号を発射する。その応答信号を受信することによってその航空機の識別、高度情報などを入手する装置をいう。

(2)　**航空管制用レーダーの種類**

　　航空交通業務に使用される地上の捜索用レーダーは、計器飛行方式（IFR）の航空機を対象とした航空路の管制業務を行う航空路監視レーダーと、飛行場周辺の進入管制業務を行うための空港監視レーダーなど、次のような種類がある。

①　航空路監視レーダー（ARSR：Air Route Surveillance Radar）

②　二次監視レーダー（SSR：Secondary Surveillance Radar）

③　洋上航空路監視レーダー（ORSR：Oceanic Route Surveillance Radar）

④　空港監視レーダー（ASR：Airport Surveillance Radar）

⑤　精測進入レーダー（PAR：Precision Approach Radar）

⑥　空港面探知レーダー（ASDE：Airport Surface Detection Equipment）

⑦　マルチラテレーションシステム

　　上記④と⑤のレーダーは、着陸しようとする航空機を滑走路へ正しく進入させるためのレーダー誘導にも使用する。すなわち、航空管制官がレーダー

のスコープ上に進入する航空機のターゲットを捕捉、監視しながら無線電話を通してパイロットに対し滑走路への進入のアドバイスを行う着陸方式であることからGCA（Ground Controlled Approach）とも呼ばれている。なお、参考までにGCAは、ASR又はPARを使用して着陸誘導管制業務を行うATC機関を指すこともある。

(3) **航空路監視レーダー**（ARSR/SSR）

航空路監視レーダーは、その設置場所からおよそ370km以内にある航空路を飛行するIFR航空機を探知する長距離用の大型レーダーである。この種の一次レーダー設備は、二次監視レーダー（SSR）と連動して航空路を十分に見通せる高台若しくは山頂に設置されている。

この遠隔地で入手したレーダー映像の信号は、レーダーマイクロ波中継回線（RML：Radar Microwave Link）を介して麓にある事務所に伝送され、そこからNTTの専用回線を通してそれぞれの管制区管制センター（ACC）に伝送されている。また、それぞれのレーダーサイトにはVHFの対空無線送受信設備も併設されている。これら山頂のレーダーサイトと対空無線通信設備は、管制区管制センター（ACC）の通信制御監視装置（CCU）で遠隔制御されている。センター（ACC）の管制官は、卓上のレーダースコープ上に交信する機影を確認しながらパイロットに対しVHFの無線電話を通して航空機相互の間隔設定、コースや高度の変更などの管制指示を行う。この種のレーダーの性能は次のとおり。

① ARSR/SSRレーダーの捜索覆域

レーダーの覆域は、半径およそ200マイルであり、その有効範囲はアンテナからの見通し方向以上の高度に限定され、レーダーの覆域限界付近では、航空機の高度は10,000フィート以上ないとレーダー捕捉は困難となる。

② レーダーの周波数

電波の到達距離と分解能の劣化を考慮してLバンド（1215-1400MHz帯）の周波数が使用されている。ITU無線通信規則では、航空無線航行業務としてARSRのために1300-1350MHzが分配されている。

③　設置場所

　　国内の主要航空路全域をカバーするよう次の16か所に設置されている。

釧路、横津岳（函館）、八戸（青森）、上品山（石巻）、能登（石川）、山田
（千葉）、箱根（神奈川）、三河（愛知）、三国山（大阪）、平田（島根）、今
の山（高知）、三郡山（福岡）、加世田（鹿児島）、奄美、八重岳、宮古島
（注）上記（　）内は ARSR/SSR 所在の地名の県名又は都市名を示す。

(4)　**二次監視レーダー**（SSR：Secondary Surveillance Radar）

　　航空管制の二次監視レーダー（SSR）は、ATCRBS（ATC Radar Beacon
System）の地上装置であり、敵味方識別（IFF：Identification friend foe）
システムから発達したもので、一般に一次レーダーである ARSR や ASR と
一緒に装備して使用されている。

①　二次監視レーダーの基本構成

　　地上の SSR は、ATCRBS の機上装置であるトランスポンダからの応答
信号を受けて航空機の識別、距離、方位、飛行高度や非常信号などの航空
管制に必要な情報を指示器に表示するものである。その基本構成は、アン
テナ、質問機（インタロゲータ）、解読器（デコーダ）より成る。SSR ア
ンテナは、通常、一次レーダーアンテナの頂部に設置されている。質問機
は、1030MHz の質問信号パルスであて先の航空機局に対し ATC トラン
スポンダ・コードを発射する。機上のトランスポンダは自機あてのコード
を受信して自動的に応答信号パルスを1090MHz で発射する。地上の二次
監視レーダー（SSR）は航空機の応答パルスを受信し解読して、応答航空
機の情報をレーダースコープ上に表示する。

②　ATC トランスポンダとモード

　　SSR から航空機へ向けて放射する質問信号をモードパルス（mode
pulse）、航空機からの応答信号をコードパルス（code pulse）という。また、
モードパルスには民間用と軍用の合計6種類のモードがある。民間用の
ATCRBS には、3/A、B、C、D の4種類、軍用は1、2、3/A の3種
類で3/A は軍民共通となっている。この ATC トランスポンダの質問と

応答のやり取りには、次の3種類の基本モードと特殊なモードSトランスポンダがある。Dは未使用である。

(a) モードA：質問信号パルスを受けて応答するモードAの応答パルスは、12個のパルスの組合わせにより4,096通りの識別が可能となる。このモードAの応答符号は、パイロットが離陸前に指定された航空機識別コードを入力する。

(b) モードB：このモードは現在使用されていない。

(c) モードC：この応答コードは航空機の気圧高度計の数値を符号化した高度信号である。気圧高度値は100フィート単位のフライトレベルで表される。

(d) モードS：このモードはトランスポンダに24ビットの個別アドレスを割り当て、モードS地上局はこのアドレスを指定して航空機に個別に質問できる。可能容量は、2^{24}機（16,777,216機）である。気圧高度情報は25フィート単位で表示される。

③ 航空機のATCトランスポンダの操作

管制区を飛行する計器飛行方式（IFR）の航空機は、ATCトランスポンダを装備することが義務付けられている。その管制区を飛行する際は管制センター（ACC）からATCトランスポンダ・コードが指定され、離陸開始直前から着陸するまで（マルチラテレーションシステム設置空港では地上移動中も）それを作動させる。離陸後は管制官より指示があった場合、あるいは下記のような特別な場合を除きトランスポンダの操作はしてはならない。

〔トランスポンダ操作の例〕

・航空機の遭難・緊急事態発生　　　　　：7700

・航空機搭載の通信機故障による通信不能　：7600

・航空機のハイジャック発生　　　　　　：7500

　等

（注）コード "7700" を発信するとレーダー覆域内のすべてのレーダースコープ上に緊急

事態発生の警告アラームが作動する。

(5)　洋上航空路監視レーダー（ORSR：Oceanic Route Surveillance Radar）

　このレーダーは、洋上と国内の航空路における航空機相互の飛行間隔に大きな差異があることを少しでも緩和するために開発導入した洋上航空路を監視するための長距離用レーダーである。レーダーの覆域は、通常よりも50マイル拡大し約250マイル（470km）となっている。

　例えば、米国から成田国際空港に向かって福島県磐城（いわき）沖から飛行してくる洋上航空路での管制間隔（separation）は15分（（注）マックナンバーテクニックによる飛行の場合は10分）であるのに対し、この航空路でARSRの覆域に入るとそのセパレーションは5マイルと大きな差がありその調整を緩和するために少しでもレーダーの覆域を拡大してトラフィックの管制処理をやり易くする目的で設置されたものである。このレーダーは、二次監視レーダーを改良したものでARSRは併設されていないが、航空機に搭載されているATCトランスポンダからその航空機の識別、高度、位置などの情報を得ることができるレーダーである。

　位置情報は、ARSRの精度より劣るがレーダーの覆域はARSRよりおよそ100kmも増えることで航空トラフィックの流れを調整することと管制情報処理システムの向上に役立っている。我が国では、いわき（福島）、八丈島、福江（長崎県五島列島）、男鹿（秋田）、久米島の5か所に設置している。レーダー機能は、上記(3)とほぼ同じである。

（注）　洋上管制区において縦間隔を縮小するためにマックナンバーテクニックが指定される。

(6)　空港監視レーダー（ASR：Airport Surveillance Radar）

　この空港監視レーダーは、空港周辺の空域にある航空機の位置を探知し、航空機の進入及び出発の管制のために空港内に設置した一次監視レーダーである。このレーダーも航空路監視レーダー（ARSR）と同様に二次監視レーダー（SSR）と連動して設置されている。

①　進入管制と出発管制

　航空機の位置（距離と方向）が ASR のレーダースコープ（PPI）（注）上に表示されるのは、空港からおよそ110km 以内の空域に入ってからである。管制官は、このターゲットの動きを見ながらパイロットに対し無線電話で、ターミナル・レーダー管制業務を行う。

・出発管制業務：レーダー誘導による出発機の間隔短縮とコース上の航空機間隔の設定を行う。

・進入管制業務：航空機に対する初期段階の進入を指示し、最終進入コースに会合するよう誘導する。滑走路への最終進入は、計器着陸方式（ILS）又は精測進入レーダー（PAR）に引き継がれるのが一般的である。

　このほか、ASR は緊急事態発生の航空機に対する航法援助や空港周辺の気象情報の提供にも利用されている。

（注）　PPI（Plan Position Indication）とは、ブラウン管上にレーダー情報を表示する方式をいう。中心点をレーダー位置とし目標物までの距離を掃引輝線の長さで表し、方位をブラウン管上にそのまま投影して表示する。

②　レーダーの捜索覆域

　民間航空用の ASR の管制空域は、その最低基準が ICAO によって定められている。レーダーの覆域は、半径50-80マイルの空港周辺と高度は25,000フィート以上をカバーする。

③　レーダーの周波数

　ASR の周波数には、ITU 附属無線通信規則で航空無線航行業務用に分配されている2700-2900MHz が使用されている。

④　レーダーの設置場所

　空港監視レーダー（ASR）は、飛行場においてターミナル・レーダー管制業務を行うのに必要な設備であり、現在国内では27空港に設置されている。

（空港名）：函館、仙台、新潟、成田、羽田、中部、名古屋、大阪、関西、広島、高松、高知、福岡、長崎、大分、熊本、宮崎、鹿児島、那覇、

　　　下地島、石垣、女満別（SSR のみ）、旭川（SSR のみ）、青森（SSR

　　　のみ）、秋田（SSR のみ）、松山（SSR のみ）、北九州（SSR のみ）

(7)　**精測進入レーダー**（PAR：Precision Approach Radar）

　　航空機は、初期の進入コースでは空港監視レーダー（ASR）によって誘

導されるが、空港から10マイル付近でこの精測進入レーダー（PAR）に引

き継がれる。航空管制官は、レーダースコープ上に引かれている進入コース

とグライドパスの線上の機影を確認しながら、パイロットに VHF 無線電話

で連続的、しかも一方的なしゃべりで進入コースとグライドパスからのずれ

を伝えると共に、機首補正の指示を与えて航空機を正しい着陸コースの誘導

限界点（注）までレーダー誘導する。パイロットがその限界点で滑走路を確

認できれば、それ以降はパイロットの判断で着陸する。もし、確認できなけ

れば着陸を断念して、進入復行し上昇する。

（注）　誘導限界点（guidance limit）：レーダーによる着陸誘導の限界をいい、PAR で
　　は精測レーダー進入の決心高度（DA：Decision Altitude）になった時で、その
　　誘導限界点は飛行高度が滑走路の接地帯の標高値に200フィートを加えた高度値
　　をいう。なお、捜索レーダー進入では進入する滑走路端から 1 マイルの位置に到
　　達した場合を誘導限界点としている。

①　レーダーの構成と覆域

　　このレーダーは、航空機の方位と高低を測定する二つのアンテナ系で構

　　成されている。機影は方位アンテナによる水平面のエコーと高度アンテナ

　　による垂直面のエコーがレーダースコープ上に表示される。航空機は進入

　　方向20度で距離10マイル以内の空域で探知される。

②　レーダーの周波数

　　PAR には航空無線航行業務用として9000-9200MHz のバンド幅が分配

　　されている。送信周波数は、9080±80MHz である。

③　設置場所

　　那覇空港

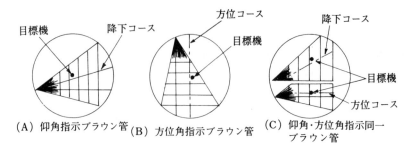

図10-1　PAR のレーダースコープ上の表示例

(8)　**空港面探知レーダー**（ASDE：Airport Surface Detection Equipment）

　　このレーダーは、空港内の滑走路、誘導路上にある航空機、車両の移動及びその存在を探知するため、空港面の飛行場管制業務に使用する一次レーダーであり、レーダースコープは飛行場管制所（タワー）内に設置されている。

①　レーダーの周波数と覆域

　　このレーダーは、1-2m の高分解能が要求されるため24-35GHz の周波数を使用した一次レーダーである。レーダー覆域は約5km である。

②　レーダーの性能

　　レーダーアンテナからは、指向性が鋭く幅の狭いパルスが発射され、空港全体の物標イメージをレーダースコープ上に映し出す。雨、霧、雪等の悪天候に使用されるので、雨滴からの反射を防ぐための仕様となっている。

③　設置場所

　　成田、羽田、中部、大阪、関西、福岡、那覇の7空港。

(9)　**マルチラテレーションシステム**（MLAT）

　　従前は、空港面の航空機等を監視するため、管制等から目視や準ミリ波を使用する空港面探知レーダー（ASDE）を用いていたが、これらの方法では個々の航空機を識別できないことや、悪天候時に識別性能が劣化すること、さらに建物の陰等の遮蔽により非検出領域が発生することなどが課題であっ

た。

　これらの課題を克服するため、各国で開発・評価が行われてきたマルチラテレーションシステム（MLAT：Multilateratiion System）が2008年にICAOにおいて規格・勧告化された。

　MLATは、航空機のトランスポンダから送信される信号（スキッタ）を3カ所以上の受信局で受信し、受信時刻の差から航空機又は同一の信号を発射する無線局の電波を自動中継してレーダーに折り返す（トランスポンダ）移動する無線局を搭載したトーイング車などの位置を測定し、空港面を監視するシステムであり、周波数は、移動局側が1090MHz、基準局側が1030MHzを使用する。

　新千歳、成田、羽田、中部、関西、大阪、福岡及び那覇の各空港に設置されている。

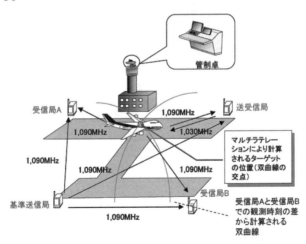

図10－2　マルチラテレーション（MLAT）システムの概要

⑽　**広域マルチラテレーション**（WAM）

　広域マルチラテレーション（WAM：Wide Area Multilateration）は、航

空機に搭載されたATCトランスポンダから送信される信号を地上に設置された複数の受信装置等で受信し、その受信装置間の受信時刻の差を各受信装置と航空機の距離差に変換し、航空機の位置を算出する監視システムである。

我が国においては、仙台空港において実証試験が実施されるとともに、2013年には総務省令等の関係規則が施行され、2014年に成田空港で実運用が開始された。その後2018年に岡山空港、2019年に羽田空港、2020年に北海道及び2021年に周防灘（九州）において、実運用が開始されている。

同時に平行進入・出発の低視程時等での航空管制が可能

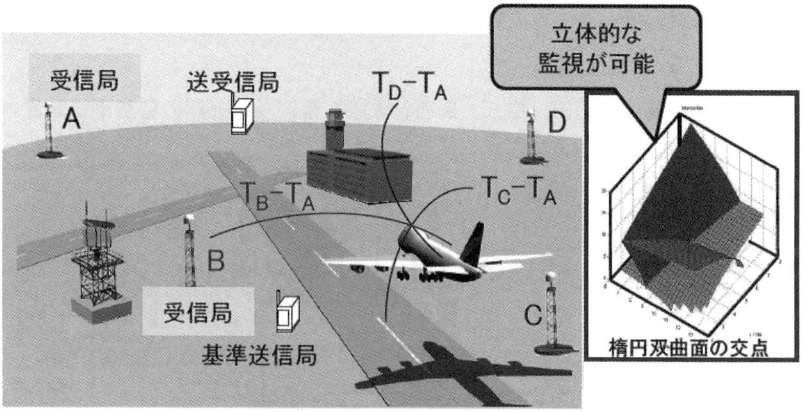

一つの空港における離発着数を増加可能

図10－3　広域マルチラテレーション（WAM）システムの概要

図10-2、10-3　出典：総務省　情報通信審議会　航空・海上無線通信委員会資料

⑾　**空港滑走路用異物検知レーダー**（FODレーダー：Foreign Object Debris detection Radar）

このレーダーは、2000年、フランスの空港での滑走路上の金属片が原因による超音速旅客機コンコルドの墜落事故以降、同様な事故防止のため導入が検討されたシステムである。航空機の離発着時に滑走路面に落下させた金属片をはじめとする異物を検知し、近年では光学の監視カメラに加えて、測距性能、距離分解能および夜間の検出性能等で優れたレーダー方式の検知システムも世界的に導入されてきている。

　日本では、光ファイバー技術と90GHz帯の周波数を使用したイメージング技術を融合したRoF（Radio over Fiber）技術を活用したリニアセル方式の異物検知レーダー（FODレーダー）システムを用いた研究が進められ、小さい異物（1インチ程度）を正確に検知し、検知時間、空港滑走路程度の検知範囲を自由に設定できる特徴を持っている。

　今後、ITUの動向を踏まえつつ、電波法関連の制度化が予定されており、空港の運用管理面を考慮しつつ、早期の国内導入が期待されている。

3．SSRモードSシステムの導入

　二次監視レーダーのモードSというシステムは、前記2 −(4)で述べた従来の航空機搭載のSSRトランスポンダのモードAとモードCの二つの機能をさらに発展させたシステムである。1971年頃より米国で開発が進められ、当初はDABS（Discrete Address Beacon System）と呼ばれていたが、1981年に開催されたICAOの通信部会の会議で新しいSSRの方式を検討することとなり、SSRの将来システムとして「SSRモードS」という用語に統一された。

(1)　SSRモードSシステムの導入

　従来のSSRモードAとモードCのシステムでは、二次監視レーダー（SSR）から発射される航空機への質問パルスは、そのSSRのサービスエリア内を飛行する全ての航空機を対象としているため一斉に応答を受ける方式となっている。しかし、我が国のようにSSR局が接近して設置されていると、複数の地上SSR局から発射された質問パルスが特定の航空機に集中、あるいは特定エリアに複数航空機が集中していた場合、航空機からの応答信号が重複して一つのSSR局に送信されることがあり、信頼性のある解読が困難になることが生じていた。この問題を解決するため、航空機の個々のトランスポンダに識別符号を付して、個別に応答させるのがこのモードSシステムである。

(2)　従来のSSRモードとの共存性

　SSRモードSシステムは、従来方式からの移行を容易に行うため、従来

方式と共存できるように配慮した地上のSSR質問局と機上のトランポンダ局で構成されている。地上のSSRモードS局は、機上の従来のトランスポンダ局と新しいモードSのトランスポンダ局の二つを対象に2種類の質問信号を時分割で発射していずれの応答信号（情報）も受信できるようにしている。これに対し、機上のSSRモードSを装備したトランスポンダ局は、従来のSSRからの質問に対しては従来どおりに応答し、地上からモードSの質問に対してはその質問信号の中のアドレスが自分のアドレスと一致するかを調べ、一致した場合のみ応答するようにして共存性を図っている。

(3) SSRモードSのデータ通信機能

SSRモードSシステムには、地上のSSR局から発射する質問信号フォーマットに56ビット又は112ビットのデータを記入できるデータ・ブロック部を設けている。この最後の24ビット部分に特定の航空機局のアドレスとなる24ビット識別符号を記入し、残り部分には必要なデータを記入して使用できるようになっている。そして、機上のモードSトランスポンダは、地上SSR局からデータ信号を受信する度にこのデータ・ブロック部の24ビットアドレスが自機のものであるかをチェックし、もし自機あてのものであれば、その質問に対する返答データと自局の24ビット識別符号（発信機局）を応答信号フォーマットのデータ・ブロックに入れて応答信号を発射する。

このように個々の航空機局との間で質問とその応答が自動的に行えることから従来のATCトランスポンダと比較してより確実な航空管制とそれを維持するための空地間のデータリンクが可能となった。

(4) モードSシステムの個別質問機能

モードSシステムが特定の航空機を識別するためには、前記で述べたとおり機上のモードSトランスポンダは24ビットからなる固有のアドレスを持つこととなる。このアドレスは各航空機の機体毎に割り当てられているので、地上のモードSからの質問信号のアドレスが自機のものと一致したときのみ応答することになるので、従来方式のように応答信号が重畳し解読不能になることにはならない。

⑸　**使用する周波数**

　SSR モードＳの地上質問局と機上のモードＳトランスポンダ局の周波数は、現行の二次監視レーダー（SSR）と同じ周波数が使用される。

①　地上質問局の信号周波数：1030MHz

②　機上応答局の信号周波数：1090MHz

4．管制情報処理システムの概要

　航空交通管制情報処理システムは、航空機の安全運航及び定時運航を図り、かつ管制業務等の円滑な実施を支援するためのシステムである。

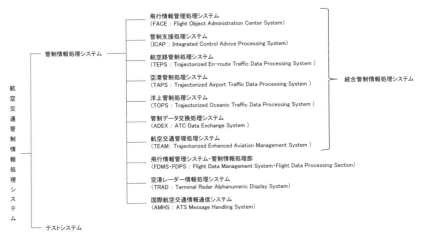

出典：国土交通省ホームページ（航空交通管制情報処理システムの概要）

⑴　**統合管制情報処理システムの概要**

　統合管制情報処理システムは、過去に発生した航空管制システムの重大障害を契機に設計・開発を進めてきたものであり、「旺盛な航空需要による交通量増大への対応」及び「管制サービスの継続性確保の実現」のため、現在の管制情報処理システムと航空交通情報システムが持つ機能を統合し、共通データベースを採用する等、アーキテクチャを抜本的に変更したシステムである。

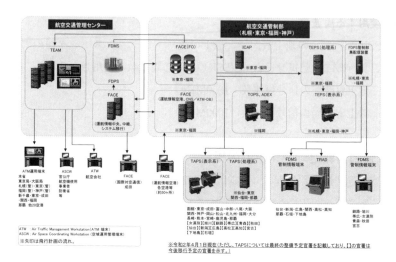

図10－4　航空交通管制情報処理システム概念図　出典：国土交通省ホームページ

① FACE（飛行情報管理処理システム）

　FACE（FFlight Object Administration CCenter System：飛行情報管理処理システム）は、航空交通管理センター、福岡管制部及び東京管制部に分散して設置され、従来のFDMS・FIMS（飛行情報管理システム運航情報処理部）に代わり、国際航空関係機関と航空機の運航に必要な情報の中継交換を行うとともに、航空機の飛行計画をFODB（フライトオブジェクトデータベース）に登録し、その更新管理を行っている。

　また、全国の空港等に設置する端末により、運航監視、対空援助及び国際対空通信等の業務に必要な情報提供を行っている。

② ICAP（管制支援処理システム）

　ICAP（Integrated Control Advice Processing System：管制支援処理システム）は、福岡管制部及び東京管制部に設置され、飛行計画情報、気象情報、傾向データ、レーダーデータ等の情報を基にトラジェクトリを生成・更新し、FODBに登録するシステムである。トラジェクトリは、統合管制情報処理システムの各種管制支援機能において共通的に使用される。

③ TEPS（航空路管制処理システム）

　　TEPS（Trajectorized En-route Traffic Data Processing System：航空路管制処理システム）は、全国の航空路監視レーダー等からの位置情報とFACE（飛行情報管理処理システム）からの飛行計画情報を照合し、表示装置上に航空機の位置を示すシンボルに加え、便名、高度情報及び対地速度等を表示するために必要な情報を生成するシステムである。TEPS は、国内管制空域を飛行する航空機の管制業務の遂行を支援するシステムであり、東京・福岡にメインの処理系が配置され、通常時はそれぞれ管轄空域内を処理しているが、それぞれが全国の空域を処理することが可能となっている。表示系は、札幌、東京、神戸、福岡の各管制部に配置されている。

④　TAPS（空港管制処理システム）

　　TAPS（Trajectorised Airport Traffic Data Processing System：空港管制処理システム）は、現在設置されている ARTS（Automated Rader Terminal System：ターミナルレーダー情報処理システム）及び TRAD（Terminal Radar Alphanumeric Display System：空港レーダー情報処理システム）の後継として、全国の空港官署に順次設置される統合管制情報処理システムのである。仙台空港など全国 5 か所の主要空港に設置された処理装置と全国のターミナル管制所及び飛行場管制所に設置された HMI（管制卓）により、FACE、ICAP と連携して飛行場管制業務及びターミナルレーダー管制業務を支援するシステムである。

⑤　TOPS（洋上管制処理システム）

　　TOPS（Trajectorised Oceanic Traffic Data Processing System：洋上管制処理システム）は、太平洋上を飛行する航空機から衛星データリンク通信又は口頭で取得した現在位置情報や現在位置情報と FACE から入手した飛行計画情報を基に算出した最新の予測位置情報を、航空機便名等とともに表示するシステムである。管制官はこれらの情報を基にデータリンク通信等を用いて、航空機に対して管制指示等を送信する。

⑥　ADEX（管制データ交換処理システム）

　　ADEX（ATC Data EXchange System：管制データ交換処理システム）

は、航空機と管制官又は管制システムとの間での空地間データ通信機能、国内管制官と外国管制機関との間で地対地データ通信機能を提供するため、FACE（FODB）を介して各個別管制システムとの間で情報伝達を行うためのシステムである。

⑦　TEAM（航空交通管理処理システム）

　TEAM（Trajectorised Enhanced Aviation Management System：航空交通管理処理システム）は、特定の航空路や空港に航空機が過度に集中するのを未然に防止するため、TEPS（航空路管制処理システム）や TAPS（空港管制処理システム）からの航空機位置情報、FACE（飛行情報管理処理システム）からの飛行計画情報、航空情報等に基づき適正な航空交通量の予測を行い、交通流制御情報を算出し、各管制部及び空港等に設置されるATM 運用端末（交通量表示端末）及び航空会社端末等により情報共有するシステムである。

(2)　**FDMS**（FDPS）（飛行情報管理システム・管制情報処理部）

　FDMS（FDPS）（Flight Data Management System・Flight Plan Data Processing Section：飛行情報管理システム・管制情報処理部）は、航空交通管理センターに設置されており、札幌、東京、福岡及び那覇航空交通管制部（以下「各管制部」という。）に係る飛行計画ファイル等を集中的に管理・処理し、管制運用に必要な運航票等の情報を各管制部に設置された集配信装置を経由して管制官に提供すると共に、他の管制情報処理システムに対して必要な飛行計画ファイルを提供するシステムである。

(3)　**AFTN**（国際航空固定通信網）／AMHS（国際航空交通情報通信システム）

　国際民間航空の安全及び定時性を確保するため、ICAO（国際民間航空機関）では国際航空固定通信のための運用方式及び技術基準を設定し、ICAO加盟各国が運営に責任を有する世界的規模の AFTN（Aeronautical Fixed Telecommunication Network：国際航空固定通信網）／AMHS（ATS Message Handling System：国際航空交通情報通信システム）と呼ばれる航空固定通信網が設定されている。我が国においては、福岡が AFTN／AMHS 通

信センターであり、アジア地域における中枢センターとして位置付けられており、飛行情報管理処理システム（FACE）及び国際航空交通情報通信システ（AMHS）により運用されている。AFTN／AMHS は、遭難通報、緊急通報、飛行計画報、位置通報、管制通報、気象情報、ノータム等の運航上不可欠な情報等を、世界中の国際空港、管制機関及び国際線を運航する航空会社等の間で交換している。

第11章　航空無線航法システム

　航法とは、移動体が現在位置を確認し、その地点から目的地への進路を確定することである。民間航空輸送が始まった頃の航空機は、推測航法という地上の山岳や河川の地形をパイロットが目視で確認しながら飛行する方式や、天測航法という太陽、月、星の天体の位置を観測することによって航空機の現在位置を求める飛行方式であった。このため、視界不良の悪天候の時や夜間飛行には目視観測ができない、天体観測は誤差が大きいことなどの欠点があって、航空機の安全飛行にとっては大きな障害であった。しかし、第2次世界大戦が終わり多くの軍事用の無線航法システムが民間でも利用できるようになり、ICAO の国際標準方式として民間機や地上の無線航法援助施設に次々に取り入れられ、常にその時代に即応した新しい航法システムが開発、導入され今日に至っている。

1．航法システムの分類

　電波を利用した航空機の航法システムは、地上に設置された無線航行用設備一式とそれに対応する機上設備とが一対となって機能するシステムや、機上装備の装置のみの自立航法を行うシステムなどがある。システムの種別は次のとおり。

(1)　無線航法システム

航空機が地上の無線航行援助施設、又は人工衛星からのデータ信号を利用するシステムであって、地上の施設と機上装備の装置とが一対となった無線通信システムである。

(2) **着陸誘導システム**

航空機を滑走路に安全に着陸させるため、地上から進入着陸コースを示す誘導電波を発射する着陸援助設備と、その誘導電波を機上で受信する装置とが一対となった無線通信システムである。

(3) **航法補助システム**

悪天候領域の回避、航空機相互の衝突防止、対地接近警報等の航空機の航行安全の目的に応じて航空機のみに装備した電子機器一式である。

2．無線航法システム

無線航法援助施設は、電波法令では「航空無線航行業務の無線設備」、航空法では「航空保安無線施設」に該当するが、一般には「無線航法援助施設」とか「ナブエイド（Nav-aid)」あるいは「ナブエイズ（Navaids)」と呼ばれている。

(1) **NDB**（Non-Directional Radio Beacon）

NDB（無指向性無線標識施設）は、ホーミングビーコンあるいは「ホーマー」とも呼ばれる地上の無指向性無線標識設備であり、ICAO の国際標準に採用されている。大型航空機から小型航空機に至るまで機上に ADF（Automatic Direction Finder：自動方向探知機）の受信機を装備すれば NDB を利用できることから、基本的な地上の無線航法設備の一つとなっている。特に ADF は、地上の中波放送局を NDB の代わりに使用できることから、無線航法システムとしては1937年から使用されている最も歴史の古いシステムである。

① NDB の無線周波数

ITU 無線通信規則では、NDB 専用（航空無線航行業務）の第一地域、第二地域、第三地域共通の一括した周波数バンドは設定されていない。

NDB は、190kHz-415kHz のバンド幅の中で特定の無線周波数帯を通常、500Hz 間隔で使用している。

② NDB と ADF の機能

NDB は、長波（LF）と中波（MF）帯の全方向に方位情報を提供する地上施設である。ADF 受信機を装備した航空機は、この NDB 地上局の電波到来方向を検出することによって、航空機の機軸を基準として航空機と地上局の相対方位を求めることができる。

③ NDB 局の識別符号

各 NDB 局にはアルファベット 2 文字の識別符号がつけられており、局の識別のためにモールス信号が周期的に常時送信されている。

④ NDB の特徴

NDB は、長中波の地上波の電波伝搬を利用するため、地形、昼夜、雷雲などの影響を受け易い。また、ADF にはパイロットに誤指示を警報する機能がないこと、誤選局あるいは混信による致命的な方位誤差を避けるために、NDB を利用する場合はその識別符号を確実に聞き取ることが必要である。また、電波障害等の理由により NDB 局の電波が受信できないとき、航空機局はそれより高い周波数で出力の大きい中波のラジオ放送局を補助手段として利用できる利便性がある。ただし、いかなる航空路、各種経路等もラジオ放送の電波を使用して設定されていないこと、さらにラジオ放送では常時識別符号が確認できないという欠陥があることから、ラジオ放送電波の利用は、あくまでも補助手段として留めるべきである。他の航法技術の発展に伴い、無線局は順次廃止されてきており、現在は12か所となった。

(2) **VOR**（VHF Omni-directional Range）

VOR は、超短波全方向性レンジビーコン（超短波全方向式無線標識施設）のことであり、1939年に米国で開発され、1949年に ICAO の国際標準として採用されたものである。計器飛行方式（IFR）による主要な航空路、出発／到着径路、VOR 進入方式等の飛行径路は VOR によって設定されている

ことから、IFR機にはVOR受信機の搭載が義務付けられている。

① ドップラVORの機能

　従来のVORは、そのアンテナを設置している周辺の地形の影響を受け易く、正確な電波を放射するためには、直径600m以上の障害物のない平地を必要としたが、アンテナを半径22フィートの同心上を回転させることによって生ずるドップラ効果による周波数変調を利用することで有害な反射波を除去するのがドップラVORである。我が国では、1969年に羽田空港にこの種のドップラVORが設置されて以来普及している。

② VORの無線周波数

　VOR局は108.0MHz-117.975MHzの周波数バンドの中の50kHz間隔の一つの周波数を使用し、航空機の受信方位によって位相が変化する30Hzの信号（可変位相信号）と全ての方位にわたって位相の一定な30Hz信号（基準位相信号）を含んだ電波を全方向に発射する。航空機搭載のVOR受信機はこの2種類の信号の位相を比較することによって、パイロットはそのVORからの磁北に対する方位を計器パネル上で知ることができる。

③ VORの有効範囲

　VORの有効範囲は、航空機からの見通し線以上の高度に制約されるが、通常は大型航空機が飛行する33,000フィート（約10,000m）の高度で200マイル（約370km）の範囲となっている。送信機出力は一般に200Wである。

④ VORの識別符号

　VOR局にはアルファベット3文字の識別符号が割当てられており、その3文字のモールス信号が常時発射されている。VOR設備は単独では殆んど設置されず、後述するDMEやタカンと併せて設置されている。単独か、併設かの区別は3文字識別符号の最後の文字により区分できる。

　・DMEと併設の場合は最後の文字は"E"。

　・単独設置の場合は"O"。

⑤ VOR局の設置

　VORはDMEと一緒に設置され、VOR／DMEは国内の空港用及び航

空路用に設置されている。VOR／DME の配置状況は、図11－1に示す通りである。

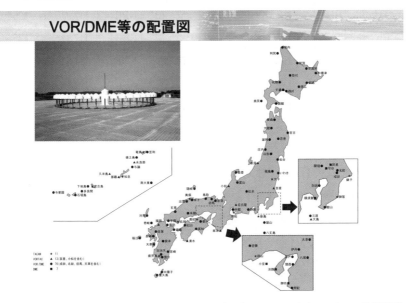

図11－1　VOR、VOR／DME の設置状況　出典：国土交通省ホームページ（VOR／DME 等配置図）

(3)　DME（Distance Measuring Equipment）

　DME（距離測定装置）は、電波が一定速度で伝搬する特性を利用して距離を測定する装置である。一般に、方位情報を与える VOR と併設して利用され、VOR／DME（ボルデメ）と呼ばれる短距離用航法援助施設である。ICAO は、1960年に方位測定用の VOR と共に民間航空用の航法援助施設として国際標準方式として採択し、計器飛行方式（IFR）の航空機は VOR 受信機とこの DME 装置を搭載することが義務付けられている。

① 　DME の無線周波数

　DME の無線周波数は、航空無線航行業務用の960MHz から1,215MHz までの極超短波（UHF）バンド幅の中で1MHz 間隔の合計252チャネルが使用され、地上局にはそれぞれ特定の一つのチャネルが割り当てられ、VOR とペアになっている。（表11－1参照）

表11－1　VOR/DME の設置例（抜粋）

VOR/DME	識別	VOR（MHz）	DME/Ch	VOR/DME	識別	VOR（MHz）	DME/Ch
羽　田*	HME	112.2	59	成　田*	NRE	117.9	126
関　宿	SYE	117.0	117	中　部*	CBE	117.8	125
山　形	YTE	113.0	77	関　西*	KNE	111.8	55
千　歳	CHE	116.9	116	熊　本*	KUE	112.8	75
宮　古	MQE	116.6	113	福　江*	FUE	115.8	105

（＊）は空港内設置を示す。

② DME の機能

　DME システムは、地上の DME 装置（トランスポンダ）と航空機搭載の DME 機上装置（インタロゲータ）とから構成され、両装置の間をパルス信号が往復する時間を測定することによってその間の距離を測定する。機上の質問機（インタロゲータ）から発射した質問パルス信号を地上の応答機（トランスポンダ）が受信し直ちにパルスを送り返して機上で受信する。機上ではこの送受の時間差からトランポンダ（地上の DME）までの距離をコクピットパネルの指示器に表示する。

③ DME のサービスエリア

　地上 DME のサービスエリアは、VOR と同様に200マイル（約370Km）の範囲である。ただし、DME 装置による距離情報は、航空機と地上DME 局との間の斜線距離であり、実際の水平距離との差は DME 局に近づくに従って増大する。地上 DME 局には VOR／DME のアルファベット3文字の局識別符号が付けられモールス符号を送信しているので、機上装置で聴守による識別も可能である。

④ 計器着陸システム（ILS）の中の DME

　DME は、後述する計器着陸システム（ILS）の距離情報を得るための設備としてグライドパスと同じ位置に単独に設置されることもある。この場合、航空機が DME を装備していれば、ローカライザの周波数をセットすることによってグライドパスの電波と同時に DME 情報を入手でき、

DME が ILS のアウターマーカとミドルマーカの代用として使用できる。
（次節 ILS の項参照のこと）

(4)　タカン（TACAN：Tactical Air Navigation System）

タカンは、第 2 次世界大戦後間もなくの1951年に米国で軍用施設として開発された。前述の VOR／DME 施設が軍事上の前線基地や艦船等に設置するのが困難であったことから、同じような機能を持ち簡単に設置できる固定式と移動式の施設が実用化された。

日本では主に自衛隊や米軍の航空基地に設置されており、軍用機のために利用されている。ICAO では1960年にタカンの距離情報を提供する施設のみを正式に ICAO の DME 標準方式として VOR と共に民間航空用の航法援助施設として採択している。

①　タカンの無線周波数

タカンが距離測定に使用する周波数バンドは DME の周波数と同じである。962MHz から1,213MHz 帯の中で 1 MHz 間隔のパルス信号によるチャネル（合計252チャネル）が、各タカン局に割当てられている。機上装置がタカン地上局のチャネルを選択することによって、全方向にその地上局に対する方位と距離が機上の指示器に表示される。

②　タカンの機能

タカンの地上装置は、VOR／DME と比較して、その方位と距離の精度に優れていること、特に方位については周辺の建物等の障害物によるエラーが少ないこと、外部の妨害信号による誤差の発生の頻度を減少することで優れている。

軍用機は機上のタカン装置を操作することによって、地上のタカン局の方位と距離情報を同時に入手できる。しかし、タカンの方位信号方式は UHF の周波数を使用したパルス方式の処理であり、VOR のそれと全く異なる方式で処理しているので民間機の VOR 機器は作動しない。機上 DME 装置はこのタカン局を地上 DME 施設と見做して距離情報を入手する。

③　タカンのサービス

　タカンのサービスエリアは、DME と同様におよそ200マイル（約370km）の範囲であり、VOR／DME と同様にタカン局を識別するアルファベット３文字の標識符号が、常時モールス信号で送信されている。その３文字識別符号の３文字目のアルファベットには "T" が付けられている。表11-２参照。ただし、米軍基地の厚木（NJA）、普天間（NFO）、岩国（NEU）、横田（YOK）のタカン施設は除く。

(5)　**VORTAC**

　軍用機が民間の航空路を飛行できるように主要な航空路には VOR とタカンを同一場所に設置しており、これを通称 VORTAC（ボルタック）と呼んでいる。

①　VORTAC のサービス

　VORTAC 局は、VOR とタカンの２種類の方位情報と距離情報を提供する。軍用機は、タカン方位と距離の情報を入手し、民間航空機は、VOR 方位とタカンの DME より距離情報を入手することができる。民間航空路に VORTAC 局を設置することにより計器飛行方式（IFR）の軍用機と民間機が共に地上無線援助施設を共用しながら飛行することが可能となっている。

②　VORTAC 局の構成

　VORTAC のアンテナ系は、VOR のアンテナ系の上にタカンのアンテナを設置して相互に干渉しないように配慮している。VORTAC 局は、国内の空港３か所（小松、名古屋、那覇）と航空路の13か所に設置されている。

③　VORTAC 局の識別符号

　VORTAC には３文字の識別符号が付けられており、その末尾の３文字目のアルファベットは "C" が付けられている。表11-２参照。

　この識別符号は、VOR の周波数（VHF）で４回とタカンの周波数（UHF）で１回の順でモールス信号により繰り返し送信されている。

表11-2　タカンと VORTAC の設置例（抜粋）

タカン				VORTAC			
TACAN	識別	MHz	Ch/No	VORTAC	識別	MHz	Ch/No
千　歳	ZYT	990	29	福　岡	DGC	114.5	92
浜　松	LHT	1,181	94	鹿児島	HKC	113.3	80
鹿　屋	JAT	1,172	85	小　松	KMC	112.0	57
硫黄島	IJT	996	35	名古屋	KCC	114.2	89
館　山	TET	986	25	那　覇	NHC	116.5	112
南鳥島	MLT	984	23	徳　島	TSC	114.9	96

(注)　各局の位置を示す緯度／経度の数値と運用時間帯の表示は省略

3．着陸誘導システム

　航空機に対する滑走路への着陸誘導方式には基本的に二つの方式がある。その一つは、地上から発射されている進入コースの誘導電波をパイロットが機上の指示器に捕捉し、その表示に従ってパイロット自身の判断で操縦して着陸する方式であり、この場合は、航空機搭載の機器は、地上からの誘導電波を捕捉する受信装置一式の他に電波高度計の機上装備が必要となる。

　もう一つは、飛行場で航空機の着陸誘導管制業務（GCA）を行う地上の管制官が航空機の機影を管制席卓上のレーダースコープ上に捉え、最終進入の段階に入ったパイロットに対し、対空無線電話で連続してコース上の飛行指示を出して誘導する方式であり、機上設備は、管制通信のための無線電話機のみでよい。

(1)　ICAO 国際標準方式の着陸システム

　航空機の着陸誘導システムとしては、1950年代に ICAO が国際標準方式と定めた計器着陸方式（ILS：Instrument Landing System）があり、これまで世界の数多くの空港に設置、運用されてきている。しかし、ILS は、航空機の進入コースが一本に限定されること、またその設置条件が厳しいこと、さらに使用する VHF 周波数チャネルが近い将来不足することが懸念さ

れていた。このため、ICAO は次世代の精密着陸システムの制定作業を開始し、1978年に次世代のシステムとしてマイクロ波着陸方式（MLS：Microwave Landing System）を採用することを決定し、その標準方式の技術仕様を定め、1985年には各加盟国が ILS から MLS へ移行計画を進め、1998年以降は MLS を国際標準方式とすることになっていたが、MLS への新たな投資によりすでに普及している ILS を置き換えるだけの強い動機にはなっておらず、GPS の援用も ILS の存命を後押ししている。

(2)　**計器着陸方式**（ILS）

　ILS は、航空機が正確に滑走路の延長線上の最終進入コースに入り滑走路端のタッチダウン・ポイントへ着地できるよう電波による降下の通路を形成し、その径路に沿って航空機が誘導されるシステムである。現在では、国内の主な民間空港にはその空港の立地条件に応じた ILS が設置されており、雨や濃霧などの視界不良の悪天候の状況下でも一定の条件を満たせば航空機は ILS を使用して着陸ができるようになっている。

①　ILS の機器構成

　　地上に設置した ILS は、航空機が着陸に際して必要な水平方向、垂直方向及び滑走路までの距離に関する三つの情報を電波によって与えるもので、ローカライザ、グライドパス及びマーカビーコンで構成される。システムの構成は概略次のとおりである。

　(A)　ローカライザ（LLZ：Localizer）

　　　ローカライザは、水平方向の情報を与えるもので、滑走路端の中心線から108MHz-112MHz の VHF 帯電波を発射し、滑走路中心線からの左右のずれを示す。その定格通達距離は25マイル（約46.3km）又は18マイルである。

　(B)　グライドパス（GP：Glide Path）

　　　グライドパスは、垂直方向の情報を与えるもので、滑走路側端（着陸端末端から内側に約300メートル、滑走路中心線から約120メートル）から329MHz～335MHz の UHF 帯電波を進入コースの方向（約3度）に

向けて発射し、滑走路端への適切な進入を示す。その有効到達距離は通常10マイルである。

(C)　マーカビーコン（MB：Marker Beacon）

マーカビーコンは、着陸進入コース上の特定の3箇所より断続した可聴周波数で変調した電波を上空に向けて発射し、降下進入中の航空機に通過地点を知らせる装置である。各マーカビーコンが設置される位置は、空港の条件により異なり一様ではない。

(a)　アウターマーカ（OM：Outer Marker）

OM は、滑走路からおよそ7-11km の位置に設置され、通常ローカライザ（LLZ）のコース上を所定の高度で飛行してきた航空機がグラドパス（GS）と会合する地点に設置される。

(b)　ミドルマーカ（MM：Middle Marker）

MM は、カテゴリーⅠと指定されている ILS の決心高度（DA：Decision Altitude）の位置を示すために設置されるマーカである。通常、MM は降下コース上の航空機の高度が滑走路（接地地点）からの垂直距離で60m（約200ft）、滑走路の末端からおよそ3,500ft の位置に設置される。

(c)　インナーマーカ（IM：Inner Marker）

IM は、上記ミドルマーカの地点から接地点までのコース上の決心高（DH：Decision Height）の位置を示す場所に設置される。

(D)　ILSDME

ILS のグライドパス設備と同じ位置に設置されることがある。航空機が DME を装備していれば、ローカライザの周波数をセットすればグライドパスの情報と共に滑走路までの距離情報も入手できる。

なお、DME がアウトマーカ（OM）、ミドルマーカ（MM）の代わりに使われることもある。

②　ILS の周波数と識別符号

ILS 構成の各送信設備には、それぞれ次のような周波数チャネルとその

施設に対する識別符号が割当てられている。

(A) ローカライザ（LLZ）の識別

　LLZ の周波数は、108-111.975MHz の VHF バンドを使用した40チャネルの中の一つが割当てられる。各 LLZ チャネルの送信装置には、アルファベット文字 "I" で始まる 3 文字の LLZ（ILS）識別符号が割り当てられ、常時送信されている。

(B) グライドパス（GP）の識別

　GP の周波数は、328.6-335.4MHz の UHF バンドを使用した40チャネルの中の一つが LLZ の一つと組み合わされ、連動して作動するようになっている。GP の識別符号は、LLZ と同じ。

(C) マーカの識別

　マーカは、低出力の送信機で75MHz の VHF 電波をコースの上空に向けて発射しており、アウター（OM）、ミドル（MM）、インナー（IM）の各マーカは、それぞれ異なる振幅変調周波数で識別信号を発射している。

　それぞれの識別信号は、OM は連続したダシュ符号 ［－－－－－］、MM はドットとダッシュの交互連続符号 ［・－・－・－］、IM は連続したドット符号 ［・・・・・］ のキーイングによるものである。

表11－3　ILS 構成の送信機種別の使用周波数と識別信号

ILS 装置の区分	周波数（AM 変調）	識別符号
・ローカライザ（LLZ）	108-111.975MHz	3 文字符号
・グライドパス（GP）	328.6-335.4MHz	（無）
・マーカ		〈モールス信号〉
アウターマーカ（OM）	75MHz（400Hz）	－ － － － －
ミドルマーカ（MM）	75MHz（1300Hz）	・ － ・ － ・ －
インナーマーカ（IM）	75MHz（3000Hz）	・ ・ ・ ・ ・
・DME	960-1215MHz	3 文字符号

③　ILS アプローチのカテゴリ

　ICAO では、滑走路視距離（RVR：Runway Visual Range）の数値の制約を受けない「全天候運航の ILS アプローチ」の実現に向けて、次の五つのカテゴリーに分けたプログラムを設定している。グレードの高いカテゴリ－ⅢCでは、決心高（DH）の数値を設定せず滑走路の視程をゼロメートルとする条件のアプローチであり一般には「ゼロゼロ着陸」と言われている。航空機およびパイロットの条件が整えば全く視界がなくても自動操縦装置を使用して着陸を行える。しかし、この条件下で着陸したとしても、その後の地上走行が極めて困難であり、また支援車両や緊急車両（トーイングカー、消防車、救急車等）も同じく視界不良のため対応に向かえない。運用開始に当たってはそれぞれに空港内を無視界で走行できる装備が必要となる。

表11－4　ILS 進入のカテゴリ

進入カテゴリ（CAT）	決心高度（DA）又は決心高（DH）	滑走路視距離 R.V.R.	備　考
CAT Ⅰ	決心高度（DA）200フィート（ft）以上	550m 以上	地上視程800m 以上
CAT Ⅱ	決心高（DH）100-200ft 未満	300m 以上	自動操縦に準ずる運航
CAT ⅢA	DH 未設定又は100ft 未満	175m 以上	完全自動操縦
CAT ⅢB	DH 未設定又は50ft 未満	50-175m 未満	
CAT ⅢC	DH 設定せず	0 m	

④　決心高と決心高度

　滑走路の視界不良等の状況で航空機を ILS のグライドパスのコースに乗せて滑走路の近くまで降りてきたとき、パイロットはある一定の高度で着陸の降下を続行すべきか、あるいは着陸を断念し復行するかを決断しなければならない一定の高さがあり、それが決断するコース上の位置でもある。カテゴリ－Ⅰの ILS では決心高度（DA）の位置にミドルマーカ（MM）

が設置され、カテゴリ－Ⅱでは決心高（DH）の位置にインナーマーカ（IM）が設置されている。

(A)　決心高度（DA：Decision Altitude）

　　カテゴリ－ⅠのILS又は精測進入レーダー（PAR）による進入を行う場合の進入限界高度をいう。この場合の高度（Altitude）は気圧高度計で計測した平均海面上からの高度である。

(B)　決心高（DH：Decision Height）

　　カテゴリ－ⅡとⅢのILS進入を行う場合の進入限界の高さをいう。この場合の標高（Height）は、電波高度計で計測した数値で滑走路の接地帯からの高さである。

⑤　ILSの設置状況

　　我が国の空港に設置されているILSの地上設備は、そのほとんどがカテゴリ－Ⅰ又はⅡで運用されている。令和元年6月現在で国内68か所の空港の滑走路に設置されている。なお、釧路空港、青森空港、新千歳空港、成田国際空港、東京国際空港、中部国際空港、広島空港、熊本空港はカテゴリ－ⅢBで運用されている。

表11－5　ILSの設備状況例（抜粋）

空　港	RUNWAY	FREQ	IDENT	COURSE	G P	MARKER/EQUIVALENT FIX
東京国際空港	22	108.1	IAD	222°	3.0	NITRO DME 15.0 NM **
	23	110.5	ITD	232	3.0	SALVO DME 12.0 NM **
	34R	108.9	ITC	337	3.0	CACAO DME 12.1 NM **
	34L	111.7	IHA	337	3.0	APOLO DME 15.1 NM **
成田国際空港	16R	111.5	IKF	157	3.0	GREBE DME 11.8 NM **
	16L	110.7	ITM	157	3.0	CYGNY DME 8.8 NM **
	34R	110.9	ITJ	337	3.0	LAPIS DME 14.7 NM **
	34L	111.9	IYQ	337	3.0	COSMO DME 11.8 NM **
関西国際空港	06R	108.1	IKD	058	3.0	ZELDA DME 9.2 NM **
	06L	108.7	IKJ	058	3.0	LUIGE DME 6.1 NM **
	24R	108.5	IKW	238	3.0	BLOND DME 4.9 NM **
	24L	110.7	IKN	238	3.0	AGATE DME 3.7 NM **
福岡空港	16	111.7	IFO	158	3.0	AINOS DME 6.1 NM **
	34	108.9	IFF	337	3.0	HARRY DME 12.1 NM **
高松空港	26	109.7	IKT	260	3.0	SANPO DME 9.2 NM **

** NM 海里

(3)　**GCA**（着陸誘導管制業務：Ground Controlled Approach）

　先に述べた ILS は、パイロットが地上からの指向性電波を捕捉し、その信号を機上の指示器に表示して着陸するシステムであるのに対し、この GCA は、その英語名の通り「地上管制の進入」であり、地上の航空管制官がレーダースコープ上で機影を監視しながらパイロットに対し無線電話で指示を出し、航空機を滑走路の接地点までレーダー誘導する業務をいう。この GCA の地上設備には、第10章の 2 −(6)、(7)項で述べた ASR 又は PAR のレーダーが使用され、機上に VHF 無線送受信機一式が装備されていれば他に航法用機器を一切必要としないという最もシンプルな従来からの着陸方式である。

図11−2　GCA の全景

①　GCA のレーダー誘導方式

　GCA の航空機のレーダー誘導には二つの方式がある。その一つは初期進入から最終進入の段階に至るまで空港監視レーダー（ASR）が使用される捜索レーダー進入方式で、別称、ASR アプローチ方式と呼ばれている。他の一つは初期進入の段階では空港監視レーダーを使用するのは同じ

であるが、最終進入の段階で精測進入レーダー（PAR）に切り替えられる精測レーダー進入、別称でPARアプローチとも呼ばれている。

② 捜索レーダー進入（ASRアプローチ方式）

ASRは、本来、空港周辺を飛行する航空機の位置確認や空港からの出発機や空港への進入機を監視するためのターミナルレーダーである。管制官は、滑走路から直線で約12マイル（22km）付近にある進入機をASRのレーダースコープ上に捕捉し、パイロットと無線電話の通信設定を行って航空機の初期の進入コースへのレーダー誘導を行う。

最終進入コースに対してはそのまま、捜索レーダー（ASR）を使用して誘導を続行するか、あるいは精測進入レーダー（PAR）に引き継ぐかのいずれかとなる。ASRを使用しての最終進入への誘導は、非精密の誘導でありグライドパスに関する誘導は行わず、管制官はパイロットに対し通常は1マイル（海里）毎のヘディング修正と適正高度を指示し、誘導限界点（滑走路端からおよそ1マイル手前）でレーダー誘導を終了する。その限界点でパイロットが滑走路を視認できれば、パイロット自身の判断で着陸を行い、視認できなければ着陸を断念して進入復行するという進入方式である。

③ 精測レーダー進入（PARアプローチ方式）

精測レーダー進入は、上記ASRの最終進入コースをPARで行う進入方式であり、空港からおよそ10-12マイル付近でPARに引き継がれる。このPARは、管制官が航空機の方位、高度、距離の3次元の情報を入手するために、方位と高度を計測するためのアンテナを交互に切り替えながら滑走路の中心線に沿って電波を発射し、着陸する航空機のエコーを3次元に捉える着陸援助施設である。この精測進入レーダー（PAR）による誘導は、カテゴリーⅠのILSと同等の限界まで運用されている。

④ GCA業務の特徴

GCA業務は、地上で航空管制官がASRやPARを使用して航空機をレーダー誘導しその進入業務を行うが、そのGCA担当の航空管制官の権

限は、PAR 誘導の最終進入コース上のみであり、その範囲は上記②で述べた約12海里（NM）から着陸限界までの権限である。この点、同じ ASR を使用してターミナルレーダー管制業務を行う管制官の権限とは大きく異なる。GCA の着陸方式は、立地条件などの理由で ILS の導入が困難な空港で行われている方式であるが、航空機が無線電話機以外に特別の機器を一切必要としないというメリットもある。我が国では、精測レーダー（PAR）方式の GCA 業務を実施している民間空港は、大阪、名古屋と那覇の３か所である。

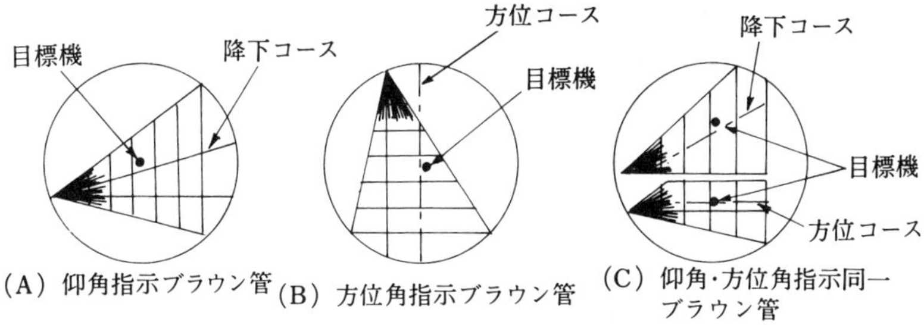

（A）仰角指示ブラウン管　（B）方位角指示ブラウン管　（C）仰角・方位角指示同一ブラウン管

図11－3　PAR のレーダースコープ上の表示例

表11－6　GCA の送信装置の種類と周波数バンド

装置の区分	周波数（MHz）	空中線電力
ASR	2700〜2900	500〜750kW
PAR	9000〜9200	30〜50kW
VHF 無線電話	118〜137	10〜50W

(4)　GBAS（地上型衛星航法補強システム：Ground-Based Augmentation System）

(1)から(3)までのシステムでは、航空機の滑走路への進入は、航空保安無線施設の配置、制度、電波覆域の制約及び地形の影響から、直線精密進入にしか対応しておらず、柔軟で効率的な着陸経路を設定できない状況にある。

一方、近年、欧米や東南アジア等における大規模な空港においては、

ICAOが普及を促進しているGBASの整備が進行中であり、自由度の高い曲線精密進入が実現可能となってきている。

我が国においても、GBAS導入に向け、国土交通省が「将来の航空交通システムに関する長期ビジョン（CARATS）」において、2020年度にGBAS初号機の運用開始を目指しており、関連の技術基準が令和2（2020）年3月に策定された。

また、総務省においても平成30（2018）年9月の情報通信審議会からの答申を経て、関係省令等改正案について、平成30（2018）年12月の電波監理審議会から答申を受け、平成31（2019）年3月に施行された。

なお、羽田空港において、GBASの試行運用が行われており、令和3（2021）年秋頃から実運用が予定されている。

① GBASの基本構成

地上から無線測位衛星（GPS（Global Positioning System）衛星）の精度や安全性を向上させる補強信号や航空機の進入降下経路情報を送信し、航空機を安全に滑走路へ誘導するためのシステムで、GPS衛星、地上装置及び機上装置により構成される。

(a) GPS衛星

米国が運用するL1／L2／L5の測位信号を放送する測位衛星である。GBASでは、そのうちL1の測位信号を使用する。

(b) 地上装置

地上装置は、大きく分けて、GBAS基準局、GBAS処理部プロセッサ、VDB（VHF Data Broadcast）アンテナの三つで構成される。

㋐ GBAS基準局

GPS衛星のL1波を受信するアンテナと、受信した測位信号をデコード（復号化）し測位計算する受信機で構成される。標準構成では、設置した付近の地上障害物やGPS信号の地面反射等により生じるマルチパスに対応するために、4式が設置される。

㋑ GBAS処理部プロセッサ

航空機の精密進入に必要な補強情報を生成処理する機能や、GBAS
の運用に脅威をもたらす事象を検出して航空機に通知する機能等を
持ったソフトウェアを搭載する装置である。送信する補強情報は
ICAO SARPs で規格化されており、表11-7の内容となっている。

　脅威をもたらす事象が発生した場合、即座に検出して航空機の安全
運航への支障をなくす各種仕組みが組み込まれており、例えば、衛星
故障の検出や電離圏異常の検出、送信前のメッセージ照合等がある。

表11-7　信号性能必要条件

操作方法	水平精度 95%	垂直精度 95%	完全性	警報まで の時間	継続性	利用 可能性
Approach operations with vertical guidance(APV-I)	16.0m (52ft)	20.0m (66ft)	$1-2 \times 10^{-7}$ in any approach	10s	$1-8 \times 10^{-6}$ per15s	0.99 to 0.99999
Approach operations with vertical guidance (APV-II)	16.0m (52ft)	8.0m (26ft)	$1-2 \times 10^{-7}$ in any approach	6 s	$1-8 \times 10^{-6}$ per15s	0.99 to 0.99999
Category I precision approach	16.0m (52ft)	6.0m to 4.0m (20ft to 13ft)	$1-2 \times 10^{-7}$ in any approach	6 s	$1-8 \times 10^{-6}$ per15s	0.99 to 0.99999

(ｳ)　VDB アンテナ

　GBAS 処理部プロセッサで作成した補強メッセージ情報は、VDB
送信機により変調・多重化（D8PSK（Differential 8-Phase Shift Key-
ing)、TDMA（Time Division Multiple Access)）がなされ、VDB ア
ンテナから飛行している航空機に放送される。VDB アンテナは、複
数滑走路でも補強情報が共有できるよう全方向性となっている。

(c)　機上装置

　機上装置では、自身が受信する GPS 測位信号と VDB アンテナから
放送される補強データから精密進入の要件に合致した自己位置に関する
情報を計算して、航空機の自動飛行制御に提供する。航空機のコクピッ
トには ILS アプローチと同様の水平方向及び垂直方向の位置偏差情報
が表示され、パイロットはこれに基づき精密進入を行う。着陸の方式と
しては、ILS 同様滑走路への直線進入が行われるほか、将来的には図11

－4に示すような曲線精密進入が期待されている。

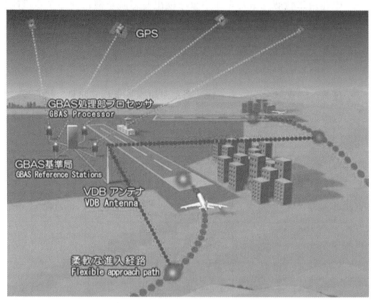

図11－4　航空機着陸誘導システム（GBAS）のイメージ図
出典：総務省　情報通信審議会　航空・海上無線通信委員会資料

第12章　民間組織の航空移動通信システム

第7章で述べた航空交通管制の通信システムは、ICAO 条約とその国際基準に基づいて構築、運営される世界的な移動通信システムであるのに対し、この章で述べる移動通信システムは民間航空企業が必要に応じて独自に構築するシステムである。それ故、システムの規模は、空港内の小規模なものから国内全域、さらには衛星通信システムのような世界全域を対象とするものまであるが、システムの構築と運営方式には特に国際標準方式もなく各国の通信事情に応じて種々様々である。本章では幾つかの代表的なシステムについて解説する。

1．航空会社の運航管理通信システム

　ICAO 附属書では、航空機を運航する当事者を「航空機運航機関」と定義し、この運航機関は、各国の航空交通管制機関と同様に、自らも航空機の正常運航を地上から支援する運航管理通信システムを確保することを義務付けており、このシステムのために地上の対空無線局（航空局）には "航空移動(R)業務" 用の VHF と HF の周波数が利用できるよう定めている。

（＊）　航空機運航機関（Aircraft Operating Agency）
　　　 ICAO では、航空機運航機関とは航空機の運航に携わっている個人、組織、企業と定義している。一般には、航空機を運航する機関・組織、航空運送事業者（航空会社）、航空機使用事業者、自家用機の所有者などの総称をいう。

(1)　運航管理システムの種類

　この運航管理通信システムは、地上の無線局（航空局）が使用する周波数、通信方式、サービスエリア別に次のように大別される。

①　HF オペコン・システム（遠距離通信用）

②　VHF 運航管理通信システム（ターミナル用）（別称: カンパニーラジオ）

③　VHF 運航管理通信システム（ルート用）（別称：カンパニーラジオ）

④　VHF 空地データリンクシステム

⑤　衛星通信系空地データリンクシステム

(2)　**国内航空会社のターミナル用カンパニーラジオ**

　我が国の航空運送事業を行う航空会社や航空機使用事業者の多くは、自社所属の航空機の運航管理のために航空移動(R)業務の専用 VHF チャネルによる自営の無線局（航空局）設備を導入、運用している。ここでは、航空会社のカンパニーラジオについて解説する。

①　カンパニーラジオの使用目的

　航空会社のターミナル用カンパニーラジオは、空港内とその周辺において航空機の出発準備のための保守点検、燃料搭載、無線機器の点検、機体の整備点検、機内サービスの補給、保安業務、搭乗者確認等々の離発着する航空機の安全と運航に係わるコクピットと運航管理者等の地上職員との連絡業務に使用される。

②　地上無線設備と周波数

　ターミナル用カンパニーラジオの VHF 無線設備は、各国内航空会社の空港事務所内などに設置されている。航空機との交信は、航空機の出発前と着陸後の空港内にあるときと、航空機の離陸後と着陸前の20分程度の飛行中の間の比較的狭い範囲である。

　その無線局は原則として空港別、航空会社別に開設されるが、大手航空会社の系列下にある中小航空会社の地上の無線設備と割当周波数は、無線局免許は個別に取得しているものの、無線設備と周波数は大手航空会社のものと共用している。また、国内各空港の無線局に割り当てられている周波数は、航空会社別に同一の周波数が割り当てられるように配慮されてい

る。また航空会社によっては各空港の無線設備を地上ネットワークと接続
し、本社の運航管理部門からも操作できるようになっている。

③　無線局の呼出名称

　一般に航空会社の無線電話識別にその空港の地名を付した呼出名称が使
用されている。

[例]　東京国際空港の全日本空輸㈱事務所

　　　　　　　　　　　　： All Nippon Haneda（オールニッポン羽田）

　なお、一部の空港では航空会社自営の無線設備ではなく、成田国際空港
と那覇空港では日本空港無線サービス㈱のサービスを、関西国際空港では
アビコム・ジャパン㈱のサービスをそれぞれ利用。

(3)　**我が国の外国航空機に対する運航管理通信サービス**

　我が国では、外国法人が国内で無線局を開設することは電波法（第 5 条）
で禁止しているため外国航空会社がカンパニーラジオの無線局を空港内で開
設することはできない。一方、ICAO 条約は、無線局免許の可否は別として、
外国航空会社も我が国の航空会社も差別なくカンパニーラジオを利用するこ
とができるという平等の権利を保証していることから、我が国では次のよう
なサービス体制で対応することとして現在に至っている。

①　外国航空会社のカンパニーラジオ・サービス

　　我が国では、外国機が日本国内の地上局（航空局）と交信する運航管理
通信のカンパニーラジオは「国際通信」と定めているので当時我が国で唯
一の国際通信を行う第一種電気通信事業者であった KDD ㈱が外国社にカ
ンパニーラジオのサービスを提供することとなった。KDD ㈱が外国機専
用のカンパニーラジオのための地上無線設備一式を国際空港内に設置し、
外国社の各空港事務所に自社の外国機と通話するための無線端末機を貸し
出すというサービスである。外国航空会社用 VHF のカンパニーラジオの
無線局は、航空移動(R)業務の航空局であると同時に第一種国際電気通信事
業者である KDD ㈱が運営する電気通信業務用無線局でもある。その後こ
のサービス提供は KDD ㈱から日本空港無線サービス㈱へ変わり、現在に

至る。

② 日本空港無線サービス㈱のサービス

1978年の成田空港の開港に合わせて KDD ㈱と NTT ㈱（当時は公社）が共同出資して日本空港無線サービス㈱を設立し、外国機の乗り入れが予定されている国内の国際空港で運航管理通信システムと空港 MCA システムの移動通信サービスを提供することとなった。なお、成田空港の開港に伴い日本航空㈱はターミナル用カンパニーラジオの自営設備を設置せず、当時の国内通信を扱う唯一の第一種国内電気通信事業者であった NTT の電気通信業務用の無線局免許で日本空港無線サービス㈱からターミナル用運航管理通信のサービスを受けることとし、現在に至っている。

③ 外国機のカンパニーラジオ用周波数

新東京国際（成田）空港や関西国際空港などで使用する外国機用のターミナル用 VHF カンパニーラジオの周波数は、通信トラフィックが均等になるよう数社のグループ毎に一波ずつ割り当てるようにして合計 8 波の周波数が使用されている。日本航空㈱等の日本の航空会社には、前記(2)に述べた各航空会社専用の VHF 周波数が使用できるよう配慮されている。

なお、米国も我が国の電波法と同じく「連邦通信法」で外国法人（外国の航空会社）の無線局開設を禁止しているので、外国航空会社は Collins Aerospace 社から航空通信サービスの提供を受けることによってカンパニーラジオを確保できるようになっている。米国籍の航空会社は、米国内の空港で自営のカンパニーラジオの無線局を開設するか、Collins Aerospace 社からのサービスを受けるかの選択が可能である。

(4) 国内航空会社のエンルート用 VHF 運航管理システム

日本の航空運送事業を行う航空会社に対しては、主要航空路用のカンパニーラジオとしての航空局の免許が与えられている。ターミナル用とは別の専用の VHF 周波数が各会社別に割り当てられている。

① エンルート用の使用目的

このルート用のカンパニーラジオは、航空路を巡航する航空機のパイ

ロットと地上の運航管理者との間で、エンルート上の気象情報、目的地の気象予報、航空機のメンテナンス情報、フライトプランの変更、旅客の乗り継ぎ、旅客の救急対応等の業務連絡のためのシステムである。

② エンルート用航空局の設置場所

巡航中の航空機が地上の航空局と交信可能な範囲は、高度38,000フィートでおよそ200マイル（約370km）であるため、地上の送受信設備は交信距離を延ばすために航空経路の見通しがきく山頂に設置されている。羽田と成田の両空港への航空路用としては、関東平野を一望することができる筑波山（標高876m）の山頂に、関西では関西空港や大阪空港への航空路に神戸の六甲山の山頂など国内の各主要航空路の山頂局に無線設備一式が設置されている。

③ エンルート用システムのネットワーク構成

航空会社毎のエンルート用地上無線設備は、NTT の無線専用サービスの約款に基づいて NTT の山頂局舎（無人）に設置され、定期点検と保守は NTT によって行われている。無線局は、各航空会社名義の航空局免許である。この山頂局の通信操作は、NTT の専用通信回線を介して各社の空港事務所の遠隔制御装置によって行われる。大手航空会社はその本拠地とする空港にオペレーションセンターを設置し、センターの運航管理者は常時、自社機全体のトラフィックの運航状況と個別フライトの運航管理を行い、必要に応じてカンパニーラジオや HF オペコンを介して航行中にパイロットと交信できるようなネットワークを構築している。

(5) **HF 長距離運航管理通信システム**（通称：HF オペコン）

（OPECON：Long-distance Operational Control Communication）

航空移動(R)業務用の短波（HF）は、古くから見通し外の無線連絡手段として長距離用の航空交通管制（ATC）通信と運航管理通信（オペコン）に使用されているが、電離層伝搬のために通信が不安定という欠点がある。この HF オペコンに代わる通信手段としてインマルサット通信衛星による長距離通信用のデータリンクシステムが長距離航空機に搭載されているが、地球

両極の空域を含む全世界をカバーする移動衛星による通信システムが完備されるまでは、短波（HF）は依然として航空機の洋上航路の長距離通信に必要不可欠な通信手段である。なお、日本にはHFオペコンセンターは設置されておらず、東京と那覇のFIR内の洋上飛行を行う航空機は、ホノルル又は香港のHFオペコンセンターと交信する。

① HFオペコンの周波数分配

　HFオペコン用の周波数は、第2章で述べた航空移動(R)業務用として分配されているHF周波数バンドの中で確保され、地域分配されている。その地域分配の区分は、ATSの区分と若干異なり、世界の空域を五つに区分してそれぞれの地域にオペコン用の特定周波数、およそ百数十波が利用できるようになっている。五つの区分は、〈1〉ロシアを含む欧州、〈2〉北米、〈3〉アジア・豪州、〈4〉中南米、〈5〉アフリカ・中近東である。

② HF運航管理通信システムの連絡方法

　VHFが使用できない洋上を飛行する航空機は、HF送受信機を装備している。その航空機が遠隔地にあって、自社のオペレーションセンターと運航管理の連絡を行うためには、上記①の管轄内のHFオペコンセンターを無線電話で呼出し、自社オペレーションセンター宛のメッセージを地上の専用通信回線で送信することを依頼する。あるいは、その交信先のHFオペコンセンターに自社の地上系の専用電話回線が設定されていれば、そのオペコン局はその交信している無線チャネルをその専用電話回線に接続し、パイロットは自社のオペレーションセンターの運航管理者と直接電話で話合うことができる。このオペコン局の回線接続サービスは、航空会社とHFオペコンセンターとの個別契約によって実施される。

③ 海外のHFオペコン・サービス

　航空移動業務の運航管理通信システムは、ICAO勧告でその導入の必要性が定められているが、一方で航空会社のニーズに応じて構築するシステムであるため、国によって通信法制度が異なり、航空交通管制システムのようにその運営体制は、必ずしも世界的に統一されていない。HFオペコ

ンの地上システムは、現在、世界の 7 か所のセンターで運営されているが、それぞれは、米国の航空通信サービスを専門とする事業者（Collins Aerospace）、一般公衆通信を扱う国際電気通信事業者（例　香港テレコム社）、あるいは大手民間航空会社（例　英国航空）などその運営体制は各国の通信事情によって異なっている。（表12-1 参照）

表12-1　主要な HF オペコンセンターの概要

サービス事業者	サービス提供エリア	Call Sign	周波数（kHz）
Swedish Telecommunications Administration	大西洋・ヨーロッパ及びロシア、アフリカの一部	'STOCKHOLM RADIO'	5541　8930 11345　13342 17916　23210
British Airways	大西洋・ヨーロッパ及びアフリカ	'SPEEDBIRD LONDON'	5535　8921 10072　13333 17922　21946
Falcon Bahrain	中東・ヨーロッパ及びアフリカの一部	'FALCON BAHRAIN'	5538　11354 13339　17931
Hong Kong Telecom International	アジア・太平洋及びロシアの一部	'HONG KONG DRAGON'	3007　6637 8921　13333 17940　21970
Overseas Telecommunication Commission	オセアニア及び太平洋の一部	'SYDNEY SKYCOM'	4666　8930 11342
Collins Aerospace	太平洋・大西洋及び南米の一部	'HONOLULU' 'HOUSTON' 'NEW YORK' 'SAN FRANCISCO' 'SAN JUAN'	HNL　SFO 3013　6640 11342　13348 17925　21946 HOU 6637　10075 13330　17940 21946 NYC　SJU 3494　6640 11342　13330 17925　21946

| American Airlines | 中南米及び南米 | 'FLIGHT SUPPORT LIMA' | (S) 8885 |
| | | | (P) 11306 |

④　米国 Collins Aerospace 社のサービス

　　米国では、1929年に設立した非営利の特殊法人である ARINC 社が、FCC（米国連邦通信委員会）から航空局の無線局免許を取得し、米国及び外国の国籍を問わず航空運送事業者や航空機運航機関の航空機を対象に全米空域で航空移動サービスを提供していたが、現在は Collins Aerospace 社がそのサービスを継承している。Collins Aerospace 社の業務内容は、無線通信のみならず情報通信全般にわたるものである。日本やヨーロッパ諸国では政府機関（ATS）が実施している航空移動業務の航空管制通信（HF、VHF）の地上通信網や航空固定通信の国際航空固定通信網（AFTN）の運営管理を行っており、その他にも空港間の陸上マイクロ回線の設定、空港 MCA 無線、データ通信回線の賃貸、情報処理・気象情報の EDPS などのサービスを自国及び外国の航空会社に提供している。なお、米国の航空会社は、無線通信設備については自営設備として FCC の航空局免許を取得することも、Collins Aerospace 社から設備を賃借することのいずれも可能である。

２．VHF 空地データリンクシステム

　　空地データリンクシステムは、航空機が離発着する空港や飛行経路上にある空港に設置した航空局と航空機局とが適時無線チャネルを通じてデータの授受を行うシステムである。このデータリンク機能は、航空機の飛行制御のコンピュータシステムとその航空機所属の航空機運営機関のホスト・コンピュータシステムが、全世界的なデータネットワークを介してオンラインベースで接続することである。

⑴　空地データリンクシステム導入の経過

　　航空機と地上との通信は、従来から HF と VHF の無線電話が利用されてきたが、1972年の ICAO 航空会議の勧告で空地間の定型的な情報は順次、

音声通信からデータ通信に切り換え、音声通信の利用は航空機の遭難・緊急通信に限る方向で研究開発が進められることとなった。

① 米国 ARINC 社（当時）のシステム開発

　この ICAO 勧告を受けて、米国の ARINC 社はいち早く VHF の運航管理通信用の空地データリンクシステムの開発に着手し、1977年にエアリンク・エイカーズ［ARINC ACARS（Aircraft Communication Addressing and Reporting System）］という名称で米国内の主要国内航空路に沿って地上に遠隔制御用 VHF 送受信設備一式を配置したデータリンクシステムを構築した。その当時の航空機は、未だ殆どが大型アナログ機であったが2台搭載している電話用 VHF 送受信機の1台に新たに小型プリンタ等の設備を追加接続してそのままデータリンク用に使用することであった。そして、導入後の成果は良好であり、操縦室のパイロットの音声による通信連絡の作業負担はかなり軽減され、音声通信の輻輳が緩和されことが認められた。その結果、当時、新しく就航が予定されていたデジタル機には新たなデータリンク用を含め VHF 送受信機3セットが搭載されるようになった。その後、ARINC 社は、アラスカ、ハワイ、カナダ、メキシコ等にも遠隔制御用の VHF 送受信機を主要航空路上に設置、展開していった。その後、インマルサット衛星通信も利用できるようになり HF 通信に代わって洋上でもデータ通信が可能となった。

② ヨーロッパでのデータリンクシステム導入

　欧州では1984年になって SITA（当時、国際航空通信共同体、本社パリ）が米国の ACARS と同じ「AIRCOM」という空地データリンクシステムを開発し、地上の SITA データ通信ネットワークが展開されている欧州、中近東、東南アジア、豪州の各国際空港を主な地上拠点として VHF 無線送受信機を設置してシステムの展開を図っている。一方、1987年にはカナダでは、エア・カナダ航空㈱が自社のコンピュータシステムにデータリンク制御のソフトを組み込んだ独自のシステムを開発し、実用化していたが、現在は Collins Aerospace のサービスに替わっている。

③　我が国のデータリンクシステムの導入経緯

　　我が国では、1990年4月のボーイング747-400型機（デジタル機）の就航に合わせてデータリンクシステムを導入することとした。そして海外のシステムとコンパチブルなシステムとし、国内航空会社の航空機は勿論のこと外国機も日本の空域で利用可能なシステムを導入した。

　　現在では、国内の主要な空港と航空路上を飛行する大型航空機はこのデータリンクシステムを殆ど途切れることなく連続して使用できるようになっている。システムの導入スケジュールに合わせ、国内航空会社の3社（JAL、ANA、JAS）とNTTとKDDの5社の企業グループ（いずれも当時）が出資して新たにアビコム・ジャパン㈱設立し、国内地上システムを運営することとなった。

(2)　**VHF 空地データリンクシステムの構成**

　　空地データリンクシステムは、航空機搭載の無線機器と地上設備によって構成されるが、我が国のVHF地上データリンク設備の構成は次のとおり。

①　遠隔陸上局（RGS）システム

　　データリンク設備搭載機が就航する空港に設置されている遠隔陸上局（RGS：Remote Ground Station）の設備は、VHFアンテナ設備、VHF送受信装置、端局制御マイクロコンピュータ装置、ネットワーク機器等で構成されている。これらの局設備は二重装備となっている。

②　地上ネットワーク

　　全国各地のRGSとデータリンク中央処理コンピュータは、冗長化されたネットワーク網で結ばれている。

③　データリンク中央処理コンピュータシステム

　　データリンク中央処理コンピュータシステムは、各遠隔航空局（RGS）のマイクロプロセッサとの間でデータ送受の制御、各航空会社のホスト・コンピュータとの間でメッセージの配信と集計業務、RGSの監視等の管理などを行っている。東京にあるデータセンターに設置されている。

④　各航空会社のホスト・コンピュータシステム

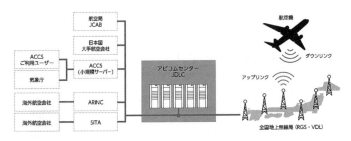

図12−1　我が国の空地データリンクの概念図

　大手航空会社は、そのホーム・ベースに自社機とその系列会社の航空機
の運航管理と機体整備のためのホスト・コンピュータシステムを構築して
いる。日本の主な航空会社のホストシステムは、直接各社の専用データ通
信回線を介してデータリンク・コンピュータに接続している。外国航空会
社の海外のホスト・コンピュータとは、Collins Aerospace または SITA-
ONAIR 経由で接続している。

(3)　遠隔制御の VHF 無線設備（送受信装置一式）

　VHF 遠隔陸上局（RGS）の空港用設備は、空港内またはその近傍に設置
されている。

(4)　RGS の無線局免許

　全国各地の RGS の無線局（航空局）の免許は、アビコム・ジャパン
（AVICOM JAPAN）が電気通信事業者として免許人になっている。

(5)　航空機局発信メッセージの制御

　飛行中の航空機局がメッセージを送信すると、電波伝搬上受信可能な多数
の RGS が受信するため通信に利用する RGS はデータリンク・コンピュー
ターが航空機からの到来電波の品質などを参考にして最適な RGS 1 局を選

表12−2　VHF 空地データリンクシステムの一覧

運営体	Collins Aerospace	SITAONAIR	アビコムジャパン
運用開始	1977年	1984年	1990年 4 月
基本周波数	131.825MHz	131.725MHz 131.550	131.450MHz

択して通信する方式になっている。

なお、アビコム・ジャパンのカバレッジマップは以下とおりである。

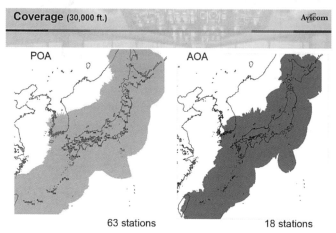

図12－2　アビコム・ジャパンのカバレッジマップ
（ＰＯＡ技術条件は表12－3・ＡＯＡは表12－4）

　このほか、地域系の事業者として、ADCC（中国）、AEROTHAI（東南
アジア）KAC（韓国）などがある。また各事業者とも通信量に応じて基本
周波数以外のチャネルを持ちトラヒック分散をしている。

⑹　データリンク通信の内容

　このシステムで送受信されるデータ通信は、図12－3に示したとおり航空
機の出発から目的地への到着に至る飛行の経過で空地間のやりとりする定型
的な情報を扱っている。主な内容は次のとおり。

　⒜　実出発時刻（ATD）と離陸時刻（ATD：Actual Time of Departure）

　⒝　着陸時刻と実到着時刻（ATA）（ATA：Actual Time of Arrival）

　⒞　航空機のウエイト＆バランス情報

　⒟　飛行中の位置情報

　⒠　エンジン稼働状況

　⒡　航空機の故障情報

　⒢　フライトプランのデータ

⒣　気象情報

⒤　ノータム等

　なお、図12-3の他に ATIS や AEIS の音声による情報が、ATS 機関からこのデータリンクを通じて機上のプリンタに送信する方法が一部実施されているが、プリンタ受信の普及によりパイロットの作業は大幅に軽減されている。

表12-3　アビコム空地データリンクの技術条件（POA）

1．使用周波数	131.45MHz
2．変調方式	振幅変調方式（A2D）
3．占有周波数帯幅の許容値	6 kHz
4．変調信号	
①　符号形式	NRZ 符号
②　伝送速度	2400bps
③　信　　　号	MSK 変調、マーク＝1200Hz、スペース＝
④　信号構成	2400Hz
	文字構成＝ 8 ビット（ICAO Alphabet No.5）
	前置信号＝34文字
	データ信号＝最大220文字
	後置信号＝ 4 文字

（注）
　NRZ（Non-Return to Zero）：デジタル信号（ 1 、 0 ）の符号構成を表すもので同一時間幅のパルス波形符号で構成されており、マークが連続したときは電圧の変化がない方式。
　MSK（Minimum Shift Keying）： 0 と 1 のデジタル信号によって搬送波を変調する周波数偏移変調（FSK：Frequency Shift Keying）のうち検波効率の低下を起こさない最も小さい変調指数の FSK を MSK という。

表12-4　アビコム空地データリンクの技術条件（AOA）

1．使用周波数	136.925MHz
2．変調方式	角度変調方式（G1D）
3．占有周波数帯幅の許容値	16.8kHz
4．アクセス方式	CSMA 方式
5．データリンク層の信号構成	前置信号＝88ビット
	データ信号＝最大131、071ビット
	後置信号＝ 6 ビット

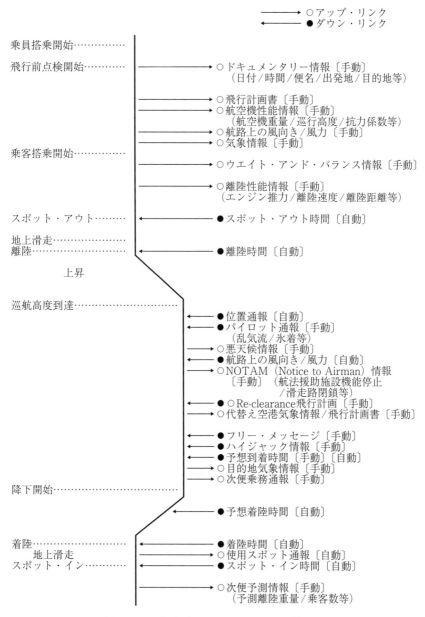

図12－3　空地データリンクシステムの情報例

(7)　洋上航空路でのデータリンク

　VHF のデータリンクシステムが利用できない洋上航空路を対象にインマルサット衛星通信によるデータリンク・サービスを一部の航空会社で実施している。我が国では、国際線を中心としたインマルサット衛星用機器を搭載した航空機が利用している。

3．空港移動無線システム

　トラフィックの多い主要空港では、航空機の出発と到着に合わせて官公庁機関、航空会社、空港関連の事業者、空港ビルのテナント等の地上職員が、航空機の整備点検、燃料の補給、貨物・手荷物や機内食の積み卸し、旅客の出入国手続き、チェックイン、機内の清掃など数多くの業務に従事している。このような人達を対象としたシステムが空港移動無線システムであり、世界各国の主要空港に導入されている。また、規模の小さな空港でも広い地域内で出発・到着便のスケジュールに合わせた作業を行う上で携帯用無線機は必要である。一般にこの種システムは陸上移動業務用の無線局免許であり、航空機局との交信には使用できない。

(1)　国内空港の一般的な移動通信システム

　我が国の規模の小さい一般の空港では、各航空会社が中心となって系列企業グループと共に自営の無線送受信設備一式を設置し、社有車に車載無線機、職員用の携帯無線機を配置する方式をとっている。このシステムは、トラフィックの少ない空港では、導入コストも安く利用し易い利点があるが、空港の規模が大きくなると次のような問題点があることが指摘されている。

①　送信と受信が同じ周波数で交互に通話する「1周波単信方式」のため通話の疎通に支障をきたすことがある。

②　周波数を固定的に割り当てるため、無線周波数の利用効率が悪い。

③　通話の秘話性に欠ける。

④　外国航空会社は無線局の開設ができないため、この種のシステムを導入することはできない。国内航空会社の端末機を借用することもできない。

⑤　送受信設備等を国内各社が別々に設置することは、非効率的である。

(2) 空港 MCA システム

マルチ・チャネルアクセス（MCA：Multi-Channel Access）方式とは、複数の無線チャネルを多数の利用者が共用して利用するシステムであり、我が国では、1982年から都市部での運輸・運送業、建設、警備保障等の業界分野で実用化されているシステムである。空港システムとして1990年6月に新東京国際（成田）空港に導入されて以来、東京国際（羽田）空港、関西国際空港等に順次導入されている。成田では日本空港無線サービス㈱、羽田ではアビコム・ジャパン㈱、関西では関西国際空港情報通信ネットワーク㈱がシステムの運営と端末機器の貸出しサービスを行っている。

① MCA のシステム構成と機能

システムの基本構成は、MCA コントロール・センター（制御局）、利用者の指令所（基地局）、陸上移動局の車載無線機と携帯機で構成される。交信可能範囲は、センター局を中心におよそ半径20-30km である。1システムは制御用の1チャネルと通話用の15チャネルで構成され、一つの無線機のプレスボタンが押されるとその識別信号が発射され、制御局はその

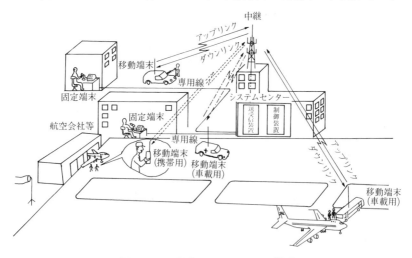

図12－4　空港 MCA システムの構成

無線機が所属する空チャネルを指定する。通話チャネルが指定されるとその発信無線機に属する全ての無線機が通話可能となる。

② 　MCA システムの周波数

　システム導入時には800MHz 帯の周波数が利用されていたが、このシステムの需要増大に対応するため1990年代からは1500MHz（1.5GHz）の波が使用されるようになっている。なお、MCA システムでは２周波単信方式による通話である。大手航空会社では、運航、整備、旅客等の部門別にMCA の１システムを１グループとしてグループ内通話が可能である。

③ 　海外の MCA システム

　海外の主要国際空港でもこの MCA システムは広く使用されており、その基本構成は我が国のそれとほぼ同じであるが、ICAO の国際標準が定められていないこともあり、システムに使用している周波数帯、チャネル制御方式、通話チャネル数、接続機能等は各国それぞれ異なっている。米国では Collins Aerospace 社が各空港で MCA センター設備を導入し、端末機の貸し出しサービスを行っている。周波数は800MHz バンドの波を使用している。欧州の主要空港では150MHz 帯とか400MHz 帯を使用しているところもある。各国共、空港業務の重要性を考慮してシステムの二重化で対応している。

④ 　新しい通信システム

　上記の国内の空港 MCA システムは日本独特の仕様に基づき開発・運用されているものであるが、昨今の標準化の流れに沿って、順次新しい通信システムへの移行が進んでいる。成田、羽田、那覇の各空港では既に海外でも利用実績があるシステム（周波数は400MHz 帯）への移行が済んでいる。

　また端末の汎用性等との兼ね合いから、スマートフォンやタブレット端末を利用した IP 無線、ローカル５G といった新しい技術の導入も検討されている。

⑶ 空港内小電力無線電話システム

　このシステムは、駐機中の航空機の周辺の範囲内で機内乗務員と地上職員（機体整備員や航務管理者）との間の無線連絡用に開発された無線システムであり、無線局免許を必要としない近距離通話用の小電力の送受信設備である。このシステムを導入していない空港では、駐機中のパイロットとその機外周辺の地上職員との連絡は、機体の前輪脚部にあるインターホン端子の差し込み口に地上職員が持参した外部のインターホンの端子を接続して行っているが、地上職員の移動範囲はその有線ワイヤの余裕範囲に限られ、ランプアウトとランプインの際に連絡手段がなくなる不便さがあった。

① 小電力無線電話システムの利点

・交信範囲は航空機の周辺およそ100メートルの範囲となること。

・航空機は移動開始しても地上の航務管理者との連絡がとれること。

・親機と子機を使用して機上と機外の複数の関係者同士で情報交換ができるので、搭乗旅客数の確認、手荷物や貨物の搭載、データリンクの遅延等による出発時刻の再確認など出発直前の繁忙時の調整が容易となる。

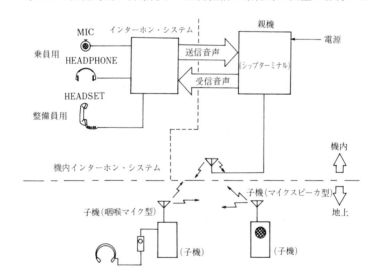

図12－5　空港内小電力無線電話システムの構成

・機上インターホンを地上で使用している時に機体への落雷があると感電の危険があり、その危険を避けることができること。

② 小電力システムの構成

このシステムは、機内インターホン・システムに接続された機上設備の小電力無線電話システム用シップターミナル装置（親機）と地上で子機として使用される喉マイク型とマイクスピーカ型の携帯用無線機で構成される。

4．グラウンドデータ通信システム（ゲートリンク、TCU など）

航空機運航に必要なマニュアルや飛行チャート（ルートマニュアル）などのペーパーレス化が進んでいる。昨今の新しい航空機では航空機に電子端末（EFB：Electronic Flight Bag）が搭載されていて、この種の情報が蓄積されるようになっている。この情報を最新に保つため、情報のアップロードが必要である。また、航空機の状態を監視し品質を分析するため、機上装置に蓄積された大容量のデータをダウンロードすることも進んでいる。これら大容量のデータ交換は必ずしも航行中に行う必要が無いものもあり、駐機中や地上走行中に行えばよい。このため各種グラウンドデータ通信システムが利用されている。ここではその中から、ゲートリンクを中心に説明する。

(1) ゲートリンクとは

空港内に設置した無線 LAN を利用した航空機とエアラインのホストコンピューター等と接続するデータ通信システム。無線 LAN の仕様は一般的なそれである IEEE802.11b/g を基に、航空機で利用するために定められた規定の ARINC763、ARINC822に準拠している。

(2) 日本国内でのサービス

日本国内ではアビコム・ジャパン㈱が ARINC763、ARINC822に沿った地上インフラを東京国際空港と成田国際空港で2007年6月からサービスを提供している。（2008年10月からは大阪国際空港でもサービス提供されていたが2018年度で終了した。）

表12-5 ゲートリンクの概要

仕様	ARINC763、ARINC822
周波数	WiFi：2.4GHz （WiMAX： 5 GHz 帯 AeroMACS）も候補
伝送速度	802.11b：11Mbps 802.11a：36Mbps 802.11g：54Mbps
カバーエリア	半径数百メートル
主な用途	・EFB ・航空装備品ソフトウェア・データアップロード ・航空機情報のダウンロード ・このほか IFE、空港面でのデータ通信なども候補

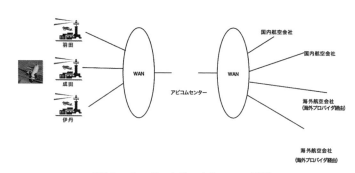

図12-6 ゲートリンクシステム概要

　航空機搭載機器と地上アクセスポイントとの間は IEEE802.11b/g で接続し、空港無線 LAN 設備（TWLU：Terminal Wireless LAN Unit）と航空会社設備との間は WAN 回線でそれぞれ接続していて、シームレスでセキュアな通信システムになっている。

(3) **関連システム**

　航空機によっては TWLU によるデータ通信システムのほかにセルラーシステムを利用する TCS（Terminal Cellular System）の利用も始まっている。

5．機内インターネット（機内 WiFi）

　従来旅客機に搭乗すると、外界との通信が遮断されていた（一時期、航空機機内電話サービスもあったが今では衰退している）。一方で昨今では通信技術の進化に伴い、どこでもだれとでもつながる環境が実現してきている。特に長距離国際線では10時間以上のフライトもあり、航空機内での通信利用要望が高まってきている。また規制緩和により、電波を発射しない電子機器は航空機内で利用できるようになり、機内での WiFi 利用が大きく発展してきている。

(1)　接続の仕組み

　航空機から地上ネットワークへの接続は人工衛星経由で行われている。旅客機を対象としたサービスはいくつか存在していて、現時点その多くは赤道上に配置された静止衛星が利用されている。このほかアメリカには地上系システムを利用したものもあるが、洋上や地上インフラの乏しいへき地では人工衛星に頼らざるを得ない。

　航空機では機内にアクセスポイントを設けてあり、人工衛星経由で受信した電波はこれを通じて端末と接続されている。アクサスポイントは航空機の大きさにより異なるが、１機に３〜６個程度設置されている。

(2)　国内線への展開

　日本国内では当初国際線を中心にサービスが始まったが、インターネット接続が日常となりつつある現在、国内線にも機内 WiFi が浸透してきている。

(3)　航空会社業務への適用

　現時点では主に旅客のインターネット接続に利用されている機内 WiFi であるが、客室乗務員による航空業務通信（AAC）にも利用されつつある。従来航空機と地上の航空会社スタッフとの間の通信はパイロットを介す必要があったが、客室乗務員が直接通信を行うことにより、パイロットの作業負荷軽減効果も期待されている。

(4)　セキュリティ確保への課題

　機内でのインターネット利用という利便性と引き換えに、機内 WiFi から航空機のシステムへ侵入されるなど、航空機の運航の安全性が損なわれては

ならない。脅威は日々進化していて、関係者で連携した継続的な対処が求められている。

第13章　航空衛星通信システム

　これまで洋上での航空無線長距離通信には HF 帯の電波を用いて、航空交通管制、運航管理業務等が行われてきた。これは VHF 帯の通信範囲が見通し距離に限られるためであるが、電離層伝搬を利用する HF 帯通信には、その品質と安定性に欠けるなどの課題があった。そのため、その解決策として航空衛星通信システム導入に向けての検討がかなり早い時期から進められてきたが、幾度となく計画の中断・挫折を繰り返してきた。近年の衛星通信技術の進展とその供給体制が整備されるとともに、21世紀に入って国際線需要が一層増大するに伴い、航空衛星通信システムの本格導入へと進み、その普及が進展している。

1．航空衛星通信システムの概要

　航空衛星通信システムは、図13－1に示すように地上に設置する航空地球局 GES（Ground Earth Station）と航空機に搭載する航空機地球局 AES（Aircraft Earth Station）とを通信衛星を介して通信回線を構成するものである。

　通信衛星は、当初は赤道上空の高度約35,786km の円軌道（静止軌道）を地球の自転周期と同じ周期で公転しているインマルサットのような静止衛星が主に利用されてきた。これに対し、静止衛星より低高度で飛行する周回衛星を活用する航空衛星通信システムの普及も進みだした。周回衛星の場合は、多数の人工衛星の一群で構成されるコンステレーション（Constellation）でシームレ

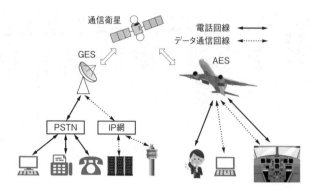

図13-1 航空通信システムの構成概要図

スに通信可能なシステムを構成する必要があるため、衛星打ち上げ用ロケット
のコストが課題であった。近年の打上げロケットの低コスト化により、そのシ
ステム導入の実現が進んだ。その一例がイリジウムである。イリジウムでは、
66個の周回衛星を6本の極軌道にそれぞれ11個配置して極地域を含む全世界を
カバーしている。周回高度は780kmと低い。

　使用周波数帯は、例えばインマルサットの場合、GES・衛星間通信には
GESから衛星方向で6GHz、衛星からGES方向で4GHzを使用し、AES・衛
星間通信には、AESから衛星方向で1.6GHz、衛星からAES方向で1.5GHzを
使用する。イリジウムも同様にAES・衛星間は1.6GHzのLバンド帯を使用す
る。これに対し、2004年頃から客室向け機内インターネットサービス応用等で
Ku帯（14GHz/11，12GHz）の周波数帯域利用が始まり、さらに高速化のため
にKa帯（30GHz/20GHz）周波数利用の検討もされている。

２．航空衛星通信導入の経過

　1965年4月に米国コムサット社インテルサット（国際電気通信衛星機構）は、
大西洋の赤道上空に初の商業用の静止通信衛星インテルサット1号（アーリー
バード）を打ち上げ、欧州と国際電話を使ってテレビの宇宙中継を可能とし、
世界的に衛星通信への関心を一段と強めた。これを機に米国では衛星技術を国
際民間航空に利用する試みが進められた。

　航空衛星通信システムを世界的に本格導入するためには、ICAO での通信方式及びシステムの国際標準化作業と ITU での国際的な周波数割当作業が必要である。

(1) ICAO の活動経過

　ICAO は、1968年に航空委員会の下に 7 か国（日、米、英、豪、加、仏、西独）よりなる ASTRA パネル（Application of Space Techniques Relating to Aviation Panel）を設立し「航空衛星通信システムの実用化」のため総合的な検討を開始し、1971年までに計 4 回の会議を開催、そこで実用化に向けての実験システムによる運用評価を行うことを勧奨した。これを受けて、1971年 6 月、米国と ESA（欧州宇宙機関）は、全世界的に統一した実用化の実験段階の航空衛星「AEROSAT（Aeronautical Satellite）」計画を推進することで意見が一致し、1972年12月米国、カナダや ESA による共同エアロサット計画（AEROSAT 計画）がスタートした。しかし、1982年 AEROSAT 理事会は、想定以上の費用増と世界的な景気後退に加え、米国の国内事情から共同 AEROSAT 計画の継続は困難と判断し解散した。そして今後の調査研究は ICAO で継続することになった。

(2) ICAO の航空移動衛星業務の国際標準（SARPs）

　1983年11月に ICAO 理事会は、「将来の航空航法システム（FANS：Future Air Navigation System）」の特別委員会を設置し、国際民間航空の運航・航法に有益な衛星技術を含む新システムについての評価と費用効果を含む諸問題を研究することとした。そして、1988年 5 月に開催された第 4 回会議において航空衛星システムを核とした2010年における航空航法システムの通信・航法・監視（CNS：Communication, Navigation, Surveillance）の概念を確立させた。具体的には、静止衛星による航空移動衛星通信技術、衛星（GPS, GLONASS）を使用した航法システムの全世界航法衛星システム（GNSS：Global Navigation Satellite System）、自動従属監視システム（ADS：Automatic Dependent Surveillance）技術の導入構想の検討を行った。

　この計画を推進するために、1988年11月に理事会の技術面の補佐を担う航

空委員会の下に航空移動衛星業務パネル（AMSSP：Aeronautical Mobile Satellite Service Panel）を設置、その第 1 回の AMSSP パネルをモントリオールで開催し、航空移動衛星業務に関する国際標準及び勧告方式（SARPs：Standards And Recommended Practices）を作成することを決めた。

　AMSSP は1989年 4 月には電波に関する SARPs 草案の作成に着手し、1991年には、将来の新しい航空交通管理システム計画（CNS/ATM）を世界的規模で推進することを決定した。1993年に航空移動衛星業務に関する国際標準が完了した。

　その後 AMSSP 活動は、通信衛星を使用しない VHF データリンクによる航空管制技術検討が必要となったために1991年に航空委員会の下に新たに設置された航空移動通信パネル（AMCP：Aeronautical Mobile Communication Panel）に引き継がれた。航空移動(R)業務の周波数バンド（118-137MHz）を使用する VHF デジタルリンク（VDL：VHF Digital Link）は、民間の運航管理通信のために開発された文字記号（Character oriented）によるデータリンク技術をそれまで活用していた。ICAO では、航空管制応用も取り込み、今後導入される CNS システムに対応可能な空地データリンクへと拡張すべくデジタル伝送技術（Bit oriented）を導入した VHF デジタルリンク（VDL：VHF Digital Link）化の検討を進め、SSR モード S システムのデータリンクと同じ方式を採用し、国際標準（SARPs）を策定した。これにより高速伝送化（31.5kbps）、周波数利用効率の向上を実現させた。現在VDL-Mode 2 として普及が進んでいる。

　2003年に、AMCP は通信ネットワークの標準化活動を担う航空通信パネル（ATNP：Aeronautical Telecommunication Network Panel）と航空管制用音声交換システムの標準化を担当する AVSSSG（ATS Voice Switching Signaling Study Group）と統合し、新たに航空通信パネル（ACP：Aeronautical Communication Panel）となった。同年に開催された第11回航空会議（AT-Conf 11：Aeronautical Navigation Conference 11）での勧告に基づき、ACP で航空衛星通信システムを含む将来の通信技術候補の検討を進

めた。2004年から2007年の Action Plan 17での検討結果により、次世代衛星通信システムには、Inmarsat SBB と Iridium Next の両システムの導入する構想が採択された。2015年に ACP は OPLNKP（Operational Datalink Panel）と統合、CP（Communication Panel）となった。次世代衛星通信システム技術は、CP 下の PT-Sat（Satellite Communication Project Team）で国際標準及び勧告方式（SARPs）を進めている。

(3)　ITU の航空衛星通信に対する対応

　無線通信技術の国際標準化や無線周波数の国際的分配に関する検討を担う ITU は、宇宙通信に対する関心が高まる中で1971年に「宇宙通信に関する世界無線通信主管庁会議（WARC：World Administrative Radio Conference）」をジュネーブで開催した。そこで、航空移動衛星業務の周波数バンドとして1.5GHz 帯（宇宙から地球向けのチャネル用）と1.6GHz 帯（地球から宇宙向け）の L バンドを分配した。しかし、前述したようにその後の航空移動衛星業務のための通信衛星計画は順調に進展しなかった。

　陸上移動業務における無線通信技術のニーズが高まる中、1987年に開催した「移動業務に関する世界無線通信主管庁会議」は陸・海・空の各業務に対するトラフィック需要の予測と周波数バンド分配の見直しを行った。航空衛星通信の観点からのこの会議での成果は、航空機の安全飛行と運航管理の通信を優先して取り扱うことを条件に、この同じ L バンド（＊）の周波数で航空機の国際公衆通信も取り扱えるようにし、航空機電話では初めて世界共通（第一地域～第三地域）の周波数バンドを分配した。

　すなわち、それまでの ITU 無線通信規則では、現用の HF と VHF の航空移動(R)業務の周波数は航空公衆通信に使用することを禁止していたが、新しく分配する L バンド帯の航空移動衛星(R)業務では航空管制通信や運航管理通信が優先することを条件に航空公衆通信に分配するとともに、UHF の航空移動(R)業務では航空公衆通信専用に分配することとした。

（＊）　L－バンド：周波数バンドを表す慣習的な呼称で英国と米国でその周波数バンド区分が異なる。米国式で390-1550MHz、英国式区分では400-2500MHz を示す。

　1992年にITUは機構改革を行い、無線通信部門（ITU-R：International Telecommunication Union Radiocommunication Sector）を設置、WARCの業務を引き継ぐ世界無線通信会議（WRC：World Radiocommunication Conference）を1993年に設置、その後4年毎に開催している。2000年には、低軌道周回衛星等に向けた無線航行衛星通信業務に新たにLバンド帯に周波数分配を行った。現在イリジウム衛星通信サービスが同周波数を活用している。近年ではグローバルフライトトラッキング導入検討等が行われている。

3．インマルサットの航空衛星通信システム

　国際海事衛星機構（IMSO：International Maritime Satellite Organization）は、そもそも海事用途の音声通話とデータ通信サービスを提供するために設立された国際機関（旧・インマルサット）で、1982年に海上船舶向けに衛星通信サービス提供を開始した。その後、1989年10月にその条約と運用協定を改定し、1992年から航空衛星通信サービスを提供開始した。1999年に英国の会社法に基づき民営化されたが、名称はそのままインマルサット（Inmarsat）を継承した。

　赤道上空の静止衛星を使うインマルサット衛星システムは、南北の高緯度（75度以上）空域での安定な通信サービスを提供することに難があるが、1基の衛星で赤道を中心に地球のおよそ40％をカバーできる利点がある。当初は、太平洋、大西洋とインド洋上の3基の衛星でサービス提供を開始した。その後南米太平洋側の区域を補うために、第2世代及び第3世代衛星サービスでは大西洋区域を西と東に分割し、4基の衛星で洋上横断の航空路の通信を確保した。第4世代及び第5世代になると、再び3基の衛星を使うサービス体制になっている。なお、第3世代衛星は、2018年より順次第4世代衛星へのサービス移行に着手、2019年にその移行を終え、退役した。現在は第4世代衛星と第5世代衛星で航空用サービスを行っている。

　インマルサットはこれまで航空機が利用できる唯一の国際航空衛星通信システムであったことから、洋上飛行を行う長距離用航空機を中心にその通信機器装備搭載が進み、VHF帯の覆域外を飛行する航空路において航空管理通信や

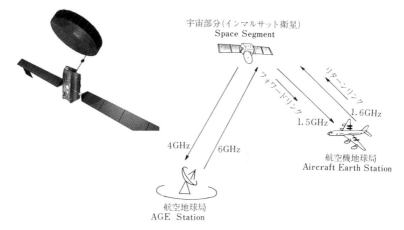

宇宙部分(インマルサット衛星)
Space Segment

フォワードリンク

リターンリンク

1.6GHz

1.5GHz

4GHz　　　6GHz

航空機地球局
Aircraft Earth Station

航空地球局
AGE Station

図13－2　第4世代インマルサット衛星と衛星通信システム概要構成

データリンク・搭乗旅客向け国際公衆通信サービスに利用されてきた。2005年以降、イリジウム衛星通信システムや搭乗旅客向け機内 WiFi によるインターネットアクセスサービス用 Ku/Ka 帯通信衛星システムの利用も進んでいる。

⑴　**第4世代インマルサット衛星システムと航空通信サービス**

　　第4世代インマルサット衛星は、256のサービスビームを形成できるマルチスポットビーム型方式を採用、それ以前の第3世代衛星等と比べ4倍近い3,000kgのドライマス重量規模となっている。2005年に初号機を打上げ、2008年の3号機打上げで、全世界カバーとなり、2009年より本格運用に入った。使用している周波数は次のとおりである。

①　航空地球局と宇宙（衛星）区間：Cバンド

　・アップリンク：6 GHz（地球局から通信衛星へのチャネル）

　・ダウンリンク：4 GHz（通信衛星から地球局へのチャネル）

②　1宇宙（衛星）と航空機地球局区間：Lバンド

　・フォワードリンク：1.5GHz（通信衛星から航空機へのチャネル）

　・リターンリンク：1.6GHz（航空機から通信衛星へのチャネル）

　　高速データ通信サービスに対応すべく設計された第4世代インマルサット衛星による航空機用衛星通信サービスは SBB（SwiftBroadband）と呼ばれ

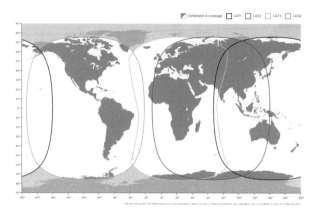

図13－3　第4世代インマルサット衛星の通信サービス覆域図

出典：Inmarsat 社ホームページ

る。従来からの回線交換システムを用いた音声通話、64kbps の ISDN（Integrated Services Digital Network）通信に加え、最大432kbps のベストエフォート型スタンダート IP パケット通信と、8 kbps、16kbps、32kbps、64kbps と128kbps で帯域保証するストリーミング IP パケット通信が提供できるようになった。航空会社の運航管理、運航業務及び機内サービスに広く利用されている。2017年には ICAO が航空管制（ATC）向け安全通信基準に沿った SBB を SB-S（SwiftBroadband-Safety）として承認、その後 ATC通信応用でコクピット内でも利用が始まっている。わが国では2020年にはSB-S は制度整備され、利用可能になる。

　SB-S 導入以前の洋上運航に必要な ATC 用航空通信には、1990年にインマルサットが第2世代衛星を使って商用導入した Classic Aero と呼ばれる航空衛星通信システムが広く利用されてきた。そのサービスは第3世代衛星導入で拡張された。2018年の第3世代衛星退役の際には、Classic Aero サービスの中の Aero H+ が第4世代衛星に引き継がれ、現在に至るまでサービス提供を継続している。洋上飛行する航空機の90％以上が、30年以上の長きに亘り利用してきている。現在の Classic Aero では、音声通話と10.5kbpsでのデータ転送速度での ACARS 通信サービスを提供している。音声通話

は、コクピット及び客室乗務員と航空会社等との通話に加え、機内の電話機
から地上への公衆通信網を介して通話サービスとなる。

(2)　第5世代インマルサット航空衛星通信サービス

　2010年代に入ると通信衛星と地上地球局（ユーザ）間にCバンド、Kuバ
ンド（12-18GHz）を用いるVSAT衛星等の普及が進み、固定及び移動衛星
通信サービス全般の高速化が一段と進んだ。この動向に対応すべく、インマ
ルサット社はKaバンド（20-30GHz）を用いる第5世代衛星の打上げを
2013年より開始した。2015年に3機目の打上げに成功し、2016年にはグロー
バルカバレッジを完成した。2017年にさらに1機を打上げ、4基体制で商用

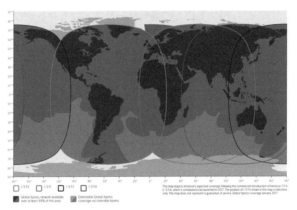

図13-4　第5世代インマルサット衛星とその通信サービス覆域図

出典：Inmarsat 社ホームページ

サービスを展開している。

　第5世代衛星になると、さらに重量が増し第4世代衛星の2倍となる
6,100kgになった。通信システムには第4世代衛星でも採用した固定マルチ
スポットビーム方式を使った89スポットビームに加え6個のステアラブル
（走査型）ビーム方式を導入、高速通信化を図った。割当てられた周波数は
次のとおりである。

① 　航空地球局と宇宙（衛星）区間：Kaバンド

・アップリンク：27.5-29.5GHz（地球局から通信衛星へのチャネル）

・ダウンリンク：17.7-19.7GHz（通信衛星から地球局へのチャネル）

② 宇宙（衛星）と航空機地球局区間：Ka バンド

・フォワードリンク：19.2-20.2GHz（通信衛星から航空機へのチャネル）

・リターンリンク：29.0-30.0GHz（航空機から通信衛星へのチャネル）

これによりビーム当り通信帯域幅100MHz を確保し、アップリンク 5 Mbps、ダウンリンク100Mbps のブロードバンド通信環境を構築、音声通話、FAX、データ通信、テレックス、インターネット通信サービス等を提供している。サービス総称 Global Xpress の衛星通信サービスの中で、特に航空機向けサービスは GX-Aviation と呼ばれる。第 4 世代通信衛星までが用いてきた L バンド帯との通信サービスとは互換性がなく、Classic Aero や SBS といった航空管制等の航空用安全通信は第 4 世代通信衛星の通信システムが提供している。GX-Aviation では、客室業務や機内旅客向けインターネットアクセスサービスを主に提供している。

周波数の高い Ka 帯を用いる通信は、高速通信化やアンテナの小型化等が可能になる利点があるが、降雨等による通信品質劣化や衛星追尾の高精度化などの課題がある。高高度の上空を飛行する航空機には降雨の影響を受けることはないが、高精度な衛星追尾するためのアビオニクスは課題となる。

インマルサットは、2019年11月に 5 基目となる第 5 世代衛星を打上げ、Global Xpress 通信サービスの高品質化及び高速化を図るとともに、2020年より第 5 世代同様に Ka 帯を用いる第 6 世代衛星の打上げを計画している。この第 6 世代衛星通信サービスでは、L バンド帯を用いる第 4 世代衛星通信サービスを継承、航空管制用航空安全通信サービス環境構築が構想されている。

⑶ 我が国でのインマルサット航空衛星通信サービス

インマルサットの移動衛星通信システムは、その条約の運用協定に署名した加盟国の電気通信事業体がサービスを提供することで始まった。我が国では KDDI ㈱（当時 KDD ㈱）が運用協定の当事者として指定された。航空移動衛星通信サービスの一つである空地データリンクは KDDI ㈱山口航空地

球局を経由してアビコム・ジャパン㈱の空地データリンクシステムに接続し
てサービス提供されたが、現在は Collins Aerospace 社（元 ARINC 社）又
は SITAONAIR 社（SITA 子会社）により提供されている。KDDI㈱は、航
空機音声電話回線サービス提供は引き続き行っている。

4．イリジウムの航空衛星通信システム

　イリジウム衛星通信システムの提唱は、モトローラ社が地球上どこでも 1
台の携帯電話で通話可能にしようと構想したことから始まった。そこで静止
衛星軌道 GSO（Geostationary Orbit）ではなく、非静止衛星軌道 NGS（Non
Geostationary Orbit）上に77基の衛星を周回させて全地球をカバーする通信
ネットワーク構築を提唱した。イリジウム衛星という名称は原子番号77番目
の元素名 Iridium（イリジウム）に由来する。

(1)　イリジウム航空衛星通信サービス

　商用設計に入り、六つの周回軌道上にそれぞれ11基の衛星配備で十分であ
ることが分かり、66基のイリジウム衛星でシステムを構築することになった。
1997年 5 月から1998年 5 月まで間に計15回の打上げを行って、66基の衛星を
所定の周回軌道に配置した。衛星は、地上から780km の位置で、北極・南
極の両極近くで交差する六つのレーンを 1 周約100分で周回する。このため
低軌道周回衛星 LEO（Low Earth Orbit）とも呼ばれる。衛星重量は約

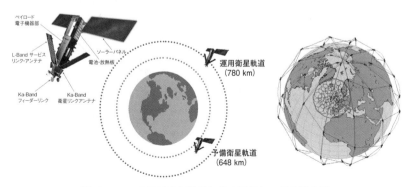

図13− 5　イリジウム衛星とその通信システム概念図

689kgと小型で、各衛星は48個のマルチスポットビームで直径約4,400kmの覆域を形成できる。

Iridium LLC社は1998年11月より衛星通信サービスを開始したが、折しも電話会社の携帯電話サービスが世界的に普及する時期と重なり、1999年8月に経営破綻、2000年3月にサービス停止となった。2000年11月には、新たに設立したIridium Satellite LLC社がIridium LLC社の資産を継承、サービスを再開した。我が国では、KDDI㈱やナブコムアビエーション㈱等複数のプロバイダーによりその通信サービスが提供されている。民間航空会社では、全日本空輸㈱がB737機等に採用しており、今後民間航空機の更なる導入が期待されている。

イリジウム衛星通信システムの特徴の一つは、衛星間通信ネットワークを活用し、ゲートウエイとなる地球局が米国アリゾナ州Tempeの1か所で構成できることである。このためイリジウム端末間同士の通信の場合では、クロスリンク方式により地上ゲートウエイを経由することなく、発信トラフィックを受信した衛星から衛星間通信を使って伝送する。一方がイリジウム端末でない場合、アリゾナにあるゲートウエイ経由で通信サービスが提供される。又、アンテナに衛星追尾機能が不要になり、装置が小型化出来るこ

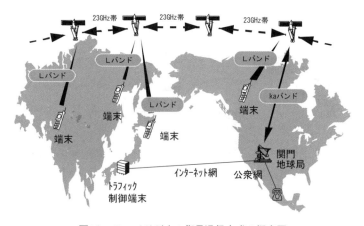

図13－6　イリジウム衛星通信方式の概念図

とも特徴の一つである。

　地上、海上や航空機上端末から衛星間通信には L バンドである1.6GHz 帯、ゲートウエイ・衛星間及び衛星間通信には Ka バンドを使う。ゲートウエイ・衛星間のアップリンクに29GHz 帯、ダウンリンクに19GHz 帯、衛星間には23GHz をそれぞれ使用する。

　通信サービスはインマルサット衛星通信サービスと同様に音声通話とデータ通信を提供している。音声通信では PPT（Push-to-Talk）機能も提供可能である。データ通信サービスには、スループット2.4kbps の回線交換方式とSBD（Short Burst Data）方式と呼ばれるパケット通信方式の二つがある。電話制御用チャネルを活用する SBD 方式にはデータ配信に15秒前後の遅延が生じるが、従量課金方式が採用できるため ACARS 等には、この SBD 方式が使われる。米国 FAA は2011年にイリジウム衛星通信での FANS 1／A 運用を認可、航空管制 ATC 通信にも利用可能となっている。我が国では通信事業者免許関連の法整備が整い、安全通信として利用可能になり、AOC 通信に加え ATC 通信も行えるようになっている。

⑵　イリジウム NEXT 衛星通信システム

　イリジウム衛星の後継機として、イリジウム NEXT 通信衛星の打上げが2017年 1 月より始まった。2019年 1 月までの 2 年間で計 8 回の打上げに成功し、運用用の66基と予備軌道用 9 基の計75基のイリジウム NEXT 衛星が整備された。打上げられたイリジウム NEXT 衛星は一旦予備周回軌道に入り、その後稼働中の旧イリジウム衛星の軌道位置に順次置き換わって行き、新たなイリジウム NEXT 衛星通信システムを構築、2019年より通信サービスを開始した。イリジウム NEXT 通信システムがデータ通信サービスの高速化に対応しつつも、現行ネットワーク及びサービスも継承するよう設計されているため、現行サービスを中断することなく通信システム更新を可能にした。

　イリジウム NEXT 衛星はイリジウム衛星と同様に48個のマルチスポットビームを搭載しているが、その重量は860kgとイリジウム衛星と比較して

20%程重くなった。イリジウム衛星と比較して大きく異なるのは、通信応用以外の用途のペイロードエリアを持ち、そこに ADS-B（Automatic Dependent Surveillance-Broadcast）受信機が搭載されていることである。航空機から発信される ADS-B 信号（位置情報等）は衛星をベースとする全地球規模のネットワークで受信することで、より高効率で効果的な航空機監視を目指している。

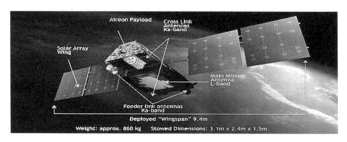

図13－7　イリジウム NEXT 通信衛星の概観図

通信変調方式に従来の QPSK（Quadrature Phase Shift Keying）に加え、16APSK（Amplitude and Phase Shift Keying）を採用し、データ送信速度 704kbps の高速化を進めた。

表13－1　イリジウムとイリジウム NEXT 衛星通信性能比較

イリジウム	イリジウム NEXT（Certus）
音声通話：2.4kbps	音声通話：4.8kbps（HQ） 　　　　　2.4kbps（SQ）
ショートバーストデータ（SBD）	ショートバーストデータ（SBD）
LBT（L-Band Transceiver）データ： 回線交換方式　2.4kbps	イリジウム NEXT LBT データ： 回線交換方式　2.4kbps 22-88kbps
ブロードバンド IP： オープンポート使用　134 kbps max.	ブロードバンド IP： 　88 kbps 176 kbps 352 kbps 352 kbps Uplink／704 kbps Downlink 352 kbps Uplink／704 kbps Downlink

5．我が国の衛星通信 MTSAT（Multi-functional Transport Satellite）システム

我が国の航空衛星通信システムは、運輸多目的衛星 MTSAT（Multi-functional Transport Satellite）の打上げによって実現した。MTSAT はその名の示すとおり、気象衛星ひまわり5号の後継としての気象観測機能に加え、航空衛星通信システムを活用した航空保安機能も搭載実現を目指して気象庁と航空局との共同企画で計画された。航空衛星通信サービスは2006年より提供を開始したが、2020年で終了した。以下は MTSTA 衛星及びシステムの概要である。

初号基である MTSTA-1号は1999年に打上げられたが、初段エンジン故障により失敗となった。その後、1号基代替となる MTSAT-1R（打上げ時重量約3,300kg）が2005年に無事に打ち上げられ、その年の11月より航空衛星通信システムのサービス提供を開始した。2006年には MTSAT-2号が打上げられ、現用・予備の衛星2基体制になった。地上局施設も神戸と常陸太田の2か所に設置され、完全二重化冗長構成を取り、高信頼通信システムを求める航空管制需要に対応した。これにより、システム障害発生時に数秒程度で予備システムへの切替えを実現した。

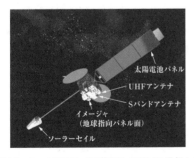 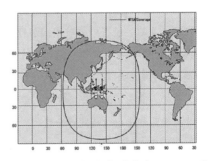

図13-8　MTSTA-1R 衛星と MTSAT 通信システム覆域図　覆域図出典：気象庁ホームページ

MTSAT と地球局間通信用周波数には Ka/Ku 帯が、航空機との通信には L 帯が割当てられ、6個の L 帯マルチスポットビームで通信覆域を構成した。MTSAT-1R 号の運用は2016年末で終了、その後は MTSTA-2号の1基体制で航空管制業務サービスを継続提供したが、2020年2月で終了した。

MTSATの航空衛星通信サービスはインマルサットと相互運用性を持ち、海外の管制機関や航空会社も利用できるアジア太平洋地域の航空交通インフラの役目も担った。このため、MTSATでの衛星通信サービス提供はSITA（現在SITAONAIR）が担当した。さらに通信サービスだけでなく航法・監視機能も有し、以下に述べるような衛星を用いた航空保安業務サービスも提供した。GPS衛星で得られる測位情報をより高い精度や高信頼にするための誤差・補強情報を衛星経由で航空機に提供し、より安全で確実な航法となるSBAS（Satellite-based Augmentation System）をMTSATから提供した。このSBASサービスは、2020年4月より準天頂衛星みちびき3号に引継がれ、信号配信中である。また、航空機がGPSにより取得した自らの位置情報を管制機関に送る自動従属監視ADS（Automatic Dependent Surveillance）情報をMTSAT経由で地上管制機関に提供した。これらにより洋上を含む広範囲な航空域で各航空機の位置把握が可能となり、より安全で柔軟飛行ルート設定が可能になった。

6．測位衛星システムと航法への適用

MTSATの節では衛星通信システム技術が航法支援出来ることを紹介した。この節では、航法において最も重要な測位システムのための測位衛星技術について紹介する。航行中の航空機が目的地まで予定の経路で飛行するためには、自機の現在位置を常時測定確認し、目的地までの飛行距離とその方向を正確に把握する必要がある。航空管制でも、その管制区内を航行する航空機の飛行位置とその方向を正確に把握する必要がある。これにより、各飛行機間に最低確保すべき距離または時間差を設け、正しい航路を指示するとともに運航の安全性と効率化を担っている。このように航空機の飛行位置・高度を測定、所定の航空経路に沿って飛行する方法が航法である。第11章の航法システムで紹介したように航空機が自機の現在位置を知る代表的な技術は、地上に設置した無線航法施設（VOR/DME）に使う方法と、機上搭載した慣性航法装置（INS：Inertial Navigation System）を使用し地上施設には依存しない方法の二通りであった。無線航法は、地上にVOR/DMEを設置する必要があり、そのサービ

ス範囲が半径300km-400km と限定される制約がある。慣性航法では飛行距離が伸びるに従い測位誤差が大きくなり、長距離の洋上飛行に難点があった。これに対し、衛星を用いた測位技術はこのような制約から解放されるため航法の品質向上が期待され、衛星航法システムの導入が進んできている。

(1)　測位衛星システムの概要と航法

　測位衛星技術開発は、1970年代の米国での GPS（Global Position System）と旧ソ連（現ロシア）の GLONASS（Global Navigation Satellite System）により始まった。元来の開発・運用目的が軍事用途であったため、民間利用には制約があった。ところが、1989年4月に旧ソ連が ICAO の FANS 委員会で突然、米国と共同運用することを宣言するとともに、米国と旧ソ連が民間航空機の航法のためにそれぞれの測位衛星技術を開放する協定を結んだことから、航空業界での積極的な利用機運が盛り上がった。1995年になると米国が軍事運用可能な精度の GPS 技術の完全運用宣言を行い、さらに2005年には軍用コード専用周波数にも民間用コードを付加させ、民間利用の門戸を開いた。また、2000年以降の半導体及び GPS 関連信号処理技術の進展により、ユーザ側受信器の小型化・低消費電力化が格段と進んだ。これにより、現在ではこの測位衛星技術が自動車やスマートフォンに搭載されることになり、位置情報取得サービスが世界的に広く普及している。

　測位衛星システムには、GPS に代表されるように全地球を利用可能範囲とする衛星系で構築される全地球航法衛星システム GNSS（Global Navigation Satellite System）と我が国のみちびきに代表されるような特定地域向けに限定した衛星コンステレーションで構築される地域航法衛星システム RNSS（Regional Navigation Satellite System）に大別される。GNSS 用衛星は、中軌道と呼ばれる地上高度約2万 km の地球上空を赤道面に対し55度から65度の傾きを持ったほぼ円形の3から6の軌道を利用する。各衛星間は等間隔に配置される。RNSS 用衛星は、赤道を中心とする8の字状軌道か静止衛星軌道が利用される。2000年時点で、GNSS は米国の GPS、欧州連合 EU の Galileo、ロシアの GLONASS と中国の Bei Dou の4システム、RNSS は

我が国のみちびきとインドのNAVICの2システムが運用サービスしている。

表13-2　世界の測位衛星システム一覧

システム種類	GNSS				RNSS	
打ち上げ国	米国	欧州連合	ロシア	中国	日本	インド
システム名称	GPS	Galileo	GLONASS	Bei Dou	みちびき	NAVIC
衛星数	31	26	27	49	4	8

(2020年)

　衛星を用いた測位は、測位衛星から発出された特定信号コードの時間とその到達時間を計測することで、衛星からの距離を測定することである。測位衛星からの距離がわかると、その衛星を中心とする半径の球面上のどこかにいることがわかる。そこで3個以上の衛星からの距離を測定し、その球面上の交点を求めれば現在位置がわかる。受信測定側の時計精度を補正するために四つの未知数連立方程式を解く必要があり、最低4個以上の測位衛星の信号を受信する必要がある。

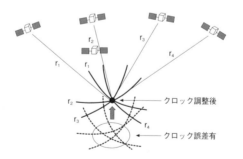

図13-9　衛星測位の原理

　このように測位を行っても、通常数m以上の誤差を発生する。最悪時には100m以上になる場合もある。その誤差の要因は以下である。

　・測位衛星内蔵の原始時計の誤差

・衛星軌道情報の誤差

・電離層や大気層での電波屈折による遅延

・建物や山でのマルチパス反射による誤差

・受信器内の雑音、信号伝送及び時計の誤差

・測位衛星の配置・捕捉数不足　等である。

　この誤差を1m程度にまで低減するために、予め正確な位置が分かっている電子基準点を使うディファレンシャル相対測位方式（Differential GPS として一般に知られる）がある。この方式では電子基準点で測位関連の誤算補正データを生成し、その補正データを別途構築したデータ通信ネットワークを介しオンラインベースで提供することで、高精度測位サービスを提供する。この測位補正データを提供する手段としては

・FM電波での配信（2008年で終了）

・海上保安庁のビーコン配信（2019年で終了）

・静止衛星からのデータ配信　がある。

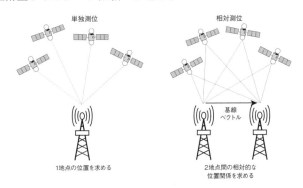

図13-10　衛星測位の単独測位と相対測位概要

　この静止衛星を使う手法はSBAS（Satellite-Based Augmentation System）と呼ばれ、航空機応用も含めカーナビゲーションシステム等広く活用されている。

　このSBASは世界的に

・米国が提供するWAAS（Wide Area Augmentation System）

・欧州共同体 EU が提供する EGNOS

（European Geostationary-Satellite Navigation Overlay Service）

・我が国の MSAS（MTSAT Satellite-based Augmentation System）

・インドが提供する GAGAN（GPS Aided GEO Augmented Navigation）

WAAS、EGNOS は Inmarsat 通信衛星を用いて SBAS 情報を提供、GAGAN はインドの通信静止衛星 GSAT によりサービス提供を行う。我が国 MSAS は自国 MTSAT 衛星を介して SBAS サービス提供を行っていたが、2020年に MTSAT 運用は停止、2020年4月より準天頂衛星みちびきがそのサービス機能を引継いでいる。このように測位衛星を活用することで地上の航法支援施設に依存することなく、航法精度5 nm を実現し、自由度の高い経路設定を行う広域航法 RNAV（Area Navigation）が可能となった。特に洋上での高効率で経済的な航行に有効である。

これまで紹介した信号コードの到達時間差を計測する衛星測位方式（コード測位方式あるいは擬似距離測位方式）では、1 m 以下の測位精度を求めるには限界があるため、新たな測位方式技術が開発された。それが、測位衛星が信号発信に使う搬送波の位相を観測することで測位する技術（干渉測位あるいは搬送波位相測位方式）である。これにより、現在では cm 程度の精度で測位可能になっている。測位に1時間以上の時間を要するが、スタティック測位法によれば、mm 単位での測位精度達成が可能になっている。これら干渉測位方式の航空航法等への具体的な応用展開は今後になる。

表13-3　衛星測位の技術体型概要

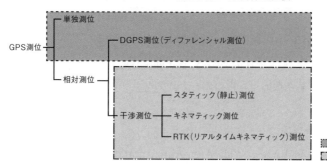

(2)　**GPS**（Global Positioning System）技術

　GPS 技術開発は、米国防総省（DOD：Department of Defense）が軍事目的のために1976年頃に第1号衛星を打ち上げてから始まった。1993年12月に国防総省から米国運輸省（DOT）に対しこのシステムを標準測位サービス（SPS：Standard Positioning Service）として民間に開放する旨の正式通知「初期運用宣言」が、1995年には「完全運用宣言」が行われ、米国内のみならず世界各国で陸海空の各民間分野で広く利用され出した。ただ、1990年から2000年の間、湾岸戦争等の軍事上理由から測位精度を100m 程度に劣化させる時期があったが、2000年に解除した。2007年には精度劣化させる機能をGPS 衛星に今後搭載しない政府方針が発表され、普及が一段と加速した。

　GPS システムの基本構成は宇宙部、地上制御・監視部と受信部（利用者端末）からなり、次のとおりである。

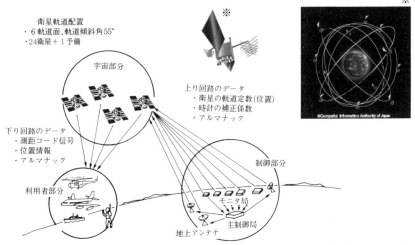

（注）　アルマナック（Almanac）：測位に使用する衛星の方位、仰角などのデータを把握するために使われる全衛星の軌道情報をいう。

図13−11　GPS システムの構成

※出典：国土地理院　GEONET GNSS 連続観測システム

① 宇宙部（GPS衛星：NAVSTAR）

　GPS衛星の正式名称はNAVSTAR（Navigation Satellites with Time And Ranging）である。衛星は地上高度20,200km、軌道傾斜角55度、周回周期11時間58分2秒で地球を円形周回する準同期衛星である。六つの等間隔の各軌道面には4個の衛星が等間隔に配置されている。1978年より2020年までに第1世代、第2世代で計70基以上が打上げられ、31基が運用に供している。2018年より第3世代衛星の打上げを開始している。各衛星にはルビジウム原子時計3台とセシウム原子時計1台が搭載されている。

② 地上制御・監視部

　GPS衛星システムの地上制御を行うルマスター・コントロールセンターは米国コロラド州コロラドスプリングスに設置されている。また、バックアップシステムがカルファニア州にある。全世界に16箇所に監視を行うモニター局が11箇所に衛星制御局がある。モニター局からの衛星追跡データや衛星クロックデータが、マスター・コントロールセンターで収集され、衛星の軌道追跡とその修正、原子時計のチェック、衛星発信の測位データの更新等の管理を行っている。GPS時刻の基準は、アメリカ海軍天文台（USNO：US Navy Observatory）で約50台のセシウムビーム原子時計と1ダースに及ぶ水素メーザー原子時計のアンサンブルに基づく合成時計で作られる。GPS衛星の時刻精度は通常、海軍天文台のアンサンブルの20n sec以内である。

③ 受信部（ユーザ端末）

　半導体と関連するデータ処理技術の進展により、高精度な測位データ利用目的のための大がかりなGPS受信システムや携帯用ポケットサイズの専用受信機だけでなく、カーナビゲーションシステムとして車載搭載され、スマートフォンにまでその機能が組込まれ、現在では一般に広く普及している。

　GPS測位原理は、(1)で紹介したように一般に行われている二次元平面での三角測量と同じ原理である。すなわち、二つの既知点（各衛星の軌道

上の位置）からのそれぞれの正確な距離を求めて計測点（GPS 受信機）の座標を求めるものである。地上の GPS 受信機が、衛星からの電波の到達時間（t）を知るには、受信機内部でも衛星の送信コードと同期した信号を発生させて衛星からの受信信号（航法データ）と相関させ、その位相差の最大値から電波の到達時間（t）を求め、その値から一つの GPS 衛星の軌道上の一定点からの距離（R）を求めるものである。

・衛星から地上までの距離（R）＝電波の速度（c）×電波の到達時間（t）

高度を含めた三次元測位と受信側の時刻精度による測位誤差を補正するために、最低 4 個の GPS 衛星信号を受信出来れば、測位が可能となる。

GPS 衛星から常時発信する信号には、主に1575.42MHz（L1）と1227.6MHz（L2）の二つの周波数が使われている。これ以外に、核爆発探知用に1381.05MHz（L3）、電離層観測用に1379.913MHz（L4）の周波数が割当られている。さらに第 2 世代第 4 シリーズとなるブロック IIF からは、次世代民生用として1176.45MHz（L5）の周波数が追加されている。GPS 衛星間のクロスリンクには UHF 帯が、衛星と地上制御局間通信には S 帯が使われる。

信号変調方式には、通常の位相変調を行った上でスペクトラム拡散通信方式（注）という特殊な変調方式がとられている。これにより、周波数は他の GPS 衛星と共有が可能になり、GPS 受信器は全ての GPS 衛星からの信号を受信できる。また、雑音やマルチパス反射により干渉耐力が高く、確実に GPS 信号を認識可能になる。L1 と L2 の二つの周波数を仕様する理由は、電離層での電波伝搬の遅延時間を実測し、補正するためのものである。

（注）　スペクトラム拡散通信方式（Spread Spectrum Communication System）：通常の通信方式は周波数帯域幅を最小限に使用する工夫がされるが、この方式は通常の変調（GPS の場合は位相変調）を行った後に人工的に作った擬似ランダムノイズ PRN（Pseudo Random Noise）列を掛け合わせることで、信号の帯域幅を通常の数百から数千倍に広げた「スペクトラム拡散変調」を行って送信する。この拡散変調を行うと電力密度の低い雑音の中に埋もれたような信号と

なるが受信側では送信と同じ PRN 拡散符号を用いて「スペクトラム拡散復調」を行うと伝搬中の雑音や干渉波は除去されて拡散されていた信号電力は元の周波数帯域内に正確に復元される。この原理は、現在 CDMA（Code Division Multiple Access）方式として携帯電話にも利用されている。

　GPS 衛星からは、各衛星に割り振られた PRN コードを用いてスペクトラム拡散変調された「C/A コード」と「P コード」と呼ばれる 2 種類（*）の信号コードが航法データとして送られている。航法データには、各衛星の軌道上の位置を示すデータ、原子時計の精密な時刻データ等が含まれている。このうち民間用として開放されているコードは、C/A コード（Coarse/Acquisition Code）である。もう一つの P コード（Precision Code）は軍事用で、一般には公開されていない。唯、一時その内容が漏れたということで、代わりに Y コードに切替えたこともあり、現在では P（Y）コードと呼ばれることがある。C/A コードを用いた測位では、95% 以上の確率で 10m 程度の精度までは得られる。P コードでは 16cm 程度まで精度を上げることが可能である。

　民間レベルでの GPS 測位データ精度を軍用レベル相当まで向上させるために考案されたのが、ディファレンシャル D-GPS（Differential-GPS）である。この D-GPS は(1)で紹介したコード測位方式の中の相対測位技術である。先ず緯度と経度の絶対値でその位置が明確にされている電子基準点を設定、その基準点での疑似距離、時刻情報及び軌道データを測定する。その測定値と基準点の絶対値を比較し、誤差を算出する。その誤差分が GPS 利用者の測位データの補正値と考えることが出来、GPS 利用者は自分の受信機の測定値をその補正値で修正することで単独での測位で得られる精度より高精度な測位情報が得られる。その結果、1 m 程度までの測位精度向上が達成出来ている。

　D-GPS システムを構築するには、誤差補正データをオンラインベースで提供する通信回線が必要となる。現在では通信衛星回線利用が主流となり、SBAS と呼ばれる。この衛星通信回線で使用される周波数は、GPS の周波数（L1）と同じ 1575.42MHz［無線航行衛星業務用周波数（宇宙から

地球)〕である。なお、スマートフォン等でも同様な技術手法を用いて、位置検出精度向上を図っている。これを A-GPS（Assisted-GPS）と呼ぶ。その違いは、基準点に携帯電話基地局を用い、誤差情報は携帯電話データ回線を利用することである。

　このD-GPS技術は狭域ディファレンシャル-GPSとして、航空路上の航空機への航法だけなく空港への進入・着陸管制への適用検討と必要な技術開発が進み、現在GBAS技術として導入が進んでいる。詳細は第11章の航法で紹介されている。

7．捜索・救難時の衛星利用

(1) COSPAS/SARSAT システム

　航空機や船舶の遭難時の探索・救難のために衛星技術を活用した技術・システム、コスパス／サーサットシステムが開発され、実用に供している。

　　　　コスパス COSPAS（COSMOS Satellite for Program of Air and Sea Rescue）
　　　　サーサット SARSAT（Search and Rescue Satellite Aided Tracker）

　コスパスは旧ソ連（現ロシア）が、SARSAT は米国がカナダとフランスの協力を得てそれぞれ打ち上げた、共に捜索救難用通信衛星である。1979年にカナダ、フランス、米国と旧ソ連の4か国が協力して、航空機や船舶に遭難・救難が発生したときの救難信号を受信し、その位置を確認するために両通信衛星を利用する世界的規模の捜索救難システム（コスパス／サーサットシステム）構築・運用協定に合意、1982年より運用開始している。我が国も本協定に参加、1982年2月より海上保安庁がシステム運用を開始している。

　コスパス／サーサットシステムは、航空機や船舶に搭載された発信機（ビーコン）が遭難時に発信する信号を衛星で受信し、各国の遭難救助機関にその情報配信するものである。そのシステムは以下の三つの基本部分から構成される。

① 発信機（ビーコン）航空機に搭載する救命無線機を ELT（Emergency Locator Transmitter）、船舶用を EPIRB（Emergency Position Indicating

Radio Beacon)、陸上移動用を PLB（Personal Locator Beacon）と呼ばれる。

② COSPAS/SARSAT 通信衛星

③ 地上局（LUT：Local User Terminal）とミッション制御センター（MCC：Mission Control Centre）

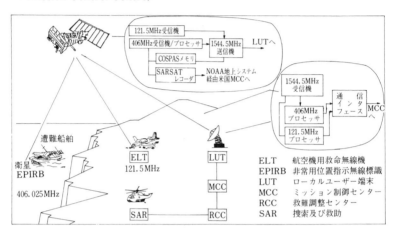

図13-12　COSPAS/SARSAT システムの概念図

ELT は、航空機が不時着、衝突などの衝撃を受けたときに内蔵電池で自動的に作動し遭難信号を発射する。EPIRB は、海水に浸かることにより遭難信号を発射する。当初は三つの周波数121.5MHz、243MHz と406MHz が割当てられ、ELT や PLB では121.5MHz が、海外の軍では243MHz が、EPRIB では406MHz が主に使われてきた。2009年に121.5MHz と243MHz が使用停止となり、現在では406MHz を航空機用 ELT でも利用する。この周波数406MHz は国際的に小電力（5 W）の衛星非常用位置指示無線標識に使用される移動衛星業務（地球から宇宙）に割当てられている。

　ビーコンの発信信号コーデングには、ビーコンの種類（ELT、EPIRB、PLB の識別）、ITU が定める国番号と ID 情報（航空機の場合、航空機登録番号、ICAO 番号、運航者毎連続番号など）に加え、位置情報（エンコード位置）が含まれる。この信号は約50秒間隔で発射される。

COSPAS/SARSAT 衛星は、高度800km-990km で南北極を通過する極低軌道を周期100-105分で周回する。現在 4 基体制で運用している。衛星には、緊急・遭難用ビーコン中継のトランスポンダが搭載されており、遭難ビーコンを受信すると自動的に LUT に中継する。衛星から LUT へ送信する周波数は1544.5MHz である。ビーコンから受信する406MHz 遭難信号は、衛星のメモリにファイルされ繰り返し地上に送信する方式となっているため、世界中の LUT が受信可能である。

地上局 LUT（Local User Terminal）は日本、カナダ、フランス、米国、ノルウエー、ロシア、英国、ブラジルなど各国に設置され、現在59局ある。LUT は、衛星が自局の視界にあるおよそ10-15分の間にその衛星が中継する信号を追跡し、衛星が受信した遭難信号（ドップラ効果の影響を受けている信号）の解析を行う。その位置確認誤差は約 2 km である。我が国の LUT は横浜に設置されている。

ミッション制御センター（MCC）は、地上通信回線経由で LUT から送られてくるデータを基に遭難位置等の最終確認を行う。31か国に設置されている MOC は基幹 MOC（7 か国）に接続されている。我が国の MOC は霞ヶ関の海上保安庁本庁に設置され、我が国の管轄区域は福岡飛行情報区（FIR）である。この管轄以外の地域での遭難情報は、米国の基幹 MCC に連絡する。

(2)　**全世界航空遭難安全システム GADSS**（Global Aeronautical Distress and Safety System）

2009年のエアフランス447便の大西洋上での墜落事故、2014年のマレーシア航空370便の南シナ海上での失踪事故などを受け、ICAO は2015年 6 月に全世界航空遭難安全システム GADSS 運用概念（Concept of Operations）を作成し、航空機追跡に関する新たなビジョンを提示した。2016年にはこれに関わる ICAO 第 6 附属書（Annex 6 ）第 1 部の改訂が採択された。これにより19客席以上で且つ45.5トン以上の航空機が定常運航時には、通常時のトラッキング NAT（Normal Aircraft Tracking）として15分毎に位置把握（追跡）を行うことが2018年11月より義務化された。運航者は自機位置を把握し、

失踪・墜落から15分後には初動捜索開始が可能となり、その捜索範囲は最大半径約200km（90海里）に限定出来ることになる。さらに遭難時のトラッキング ADT（Autonomous Distress Tracking）として、2021年1月以降に耐空証明発行が必要となる27トン以上の新造機は、1分毎に航空機位置情報の送信機能を搭載する義務化もされた。その後2020年に ICAO は ADT 義務化開始を2年遅らせ、2023年1月とした。このように洋上を含め航行する航空機は、衛星測位による自機位置把握やその情報発信等での地上とのデータ通信の必要性が益々高まり、衛星通信技術の更なる発展が期待されている。

第14章　航空通信の将来展望

1　国際動向

　ICAOでは、将来の航空交通システムの構築に向けて、世界航空交通計画（GANP：Global Air Navigation Plan）を策定し、当該計画を推進している。GANPの第5版では、2016年から2030年にかけての補完的かつセクタ全体の航空輸送の進歩を導くように設計されており、ICAO評議会によって3年に1度承認されている。GANPは、既存の技術を活用し、各国や業界で合意された運用目標に基づいて将来の開発を予測し、15年にわたる戦略的方法論を示している。

　ICAO作業計画は3年ごとにICAO総会によって承認され、当該計画については、ICAO、各国及び産業界が近代化プログラムの間の継続性と調和を確実にするための長期的なビジョンを提供している。

　GANPには、特に通信、監視、ナビゲーション、情報管理及びアビオニクスを網羅する航空システムブロックアップグレード（ASBUs：Aviation System Block Upgrades）として技術開発状況に応じて段階的に高度化を進めるための施策集を導入し、ASBUsの実施に必要となる技術の見通しについて、技術ロードマップを公表している。

　ICAO加盟各国においては、GANPに沿って、協調した国家計画の取り組みを実施し、定期的にICAOへ実施状況を報告することとなっている。

⑴ **ASBUs の改善分野等**

ASBUs は、四つの改善分野と 5 年ごとの 4 段階のブロックにより施策を
整理している。四つの改善分野と施策数は以下のとおりである。

① 空港運用（15施策）

② SWIM による相互運用システム及びデータ（11施策）

③ 協調的 ATM による容量の最適化と柔軟な飛行（15施策）

④ 軌道ベース運用による功利的な飛行経路（10施策）

⑵ **CNS 分野におけるロードマップ**

CNS 分野（通信・測位・監視分野）におけるロードマップについては、
以下のとおりである。

通信分野における技術ロードマップとして、空地データリンクサービス
は、性能要件、手順、業務及び支援技術が厳格に標準化や規制化がされる安
全性関連の ATS サービスとそれほど重要でない情報関連サービスの二つの
カテゴリーに分類され、一般的に安全性関連の ATS サービスを支援する必
要性に応じて開発が展開される。

これらの研究開発には、主に三つの分野が想定されている。一つは、空港
分野であり、AeroMACS（Aeronautical Mobile Airport Communications
System）は、IEEE802.16/WiMAX 標準に基づく地上ベースの大容量空港面
データリンクシステムが現在開発されているところである。衛星通信分野で
は、海洋及び遠隔地を対象とした新たな衛星ベースのデータリンクシステム
である。これらのシステムには、商用衛星通信システムとして、イリジウム
やインマルサット（SwiftBroadband）の利活用が考えられている。地上分
野（航空路）においては、地上データリンクシステムとして、L バンドを利
用したデジタル航空通信システム（LDACS）が現在検討されている。さら
に今後、データ通信が主体となる中、音声通信の役割の検討や空域に適した
新しいデジタル音声通信システムの研究開発の必要性を検討することとされ
ている。

また、監視分野における技術ロードマップにおいては、今後、コスト削減

や監視性能の改善を図るため、1030/1090MHz における SSR、Mode-S、WAM、ADS-B 等、現在利用可能な異なる技術を活用して、監視施設における協調監視を行っていくことが重要である。

　測位分野における技術ロードマップにおいては、これまで GPS と GLON-ASS を中核とする GNSS の航空運用を支援する SARPs が整備されてきたところであるが、近年、欧州のガリレオや中国の北斗が開発され、マルチコンステレーションやマルチ周波数による GNSS システムが可能となってきており、運用上の利点を実現するため、関係機関や航空会社において、関連する課題等の解決に向けた対応が必要である。

(3)　ICAO 及び欧米の長期ビジョン

　こうした将来の航空機の安全かつ効率的な運航を支援するため、2025年及びそれ以降を見据えた国際的に調和のとれた航空交通管理（ATM）に関する基本方向性（グローバル ATM 運用概念）が ICAO で取りまとめられ、これに基づき、欧米においては、地域に即した長期ビジョンが策定されている。

　米国においては、航空交通需要、環境問題等への対応だけでなく、テロ等の脅威に対応する国家安全保障や国際標準化の推進等のリーダーシップの確保という米国特有の目的を包含し、国の機関の共同組織により国家的プロジェクトとして、NextGen（Next Generation Transportation System）を推進しており、2025年を目指した次世代の航空交通システムに関する総合的ビジョンを策定している。

　特に航空通信分野においては、ADS-B 及びデータ通信が挙げられている。ADS-B は、レーダー技術ではなく、衛星航法によるものであり、航空交通をより正確に監視及び追跡を行うことを可能としている。ADS-B を搭載した航空機は、位置、高度、機首方位、対地速度、垂直速度、識別信号等を地上局のネットワークに送信し、情報を航空管制ディスプレイに中継する。2020年1月1日以降、航空交通管制（ATC）によって別途許可されない限り、米国内の特定された空域で運航する全ての航空機には ADS-B Out 機器が装備されている必要がある。

　また、データ通信は、パイロットと航空管制官の間を無線電話で通信するのではなく、電子メッセージにより通信を行うものであり、2018年末までに62の空港で整備されたところ、巡航高度の初期データ通信サービスは2019年11月に開始され、2021年に全国で完了する予定である。

　欧州においては、多数の国や管制機関が存在することから、単一の空（Single European Sky）を実現するため、均質的な航空管制サービスを提供すべく、2020年を目指した新世代のATMシステムに関する近代化プログラムとして、欧州委員会においてSESAR（Single European Sky ATM Research）が策定している。

表14－1　ICAO及び欧米の長期ビジョンの比較

ICAO（ATM運用概念）	米国（NextGen）	欧州（SESAR）
○構成要素と重要な変化 ➤空域構成と管理 　動的な空域管理 ➤空港運用 　・容量最大化のためのインフラ 　・あらゆる気象条件下での容量維持 　　と安全運航の確保 　・航空機・車両等の動向把握 ➤需要と容量の均衡 　・事前段階における軌道、空域構成 　　等に関する調整（CDM） ➤交通の同期化（調和） 　・動的な4DT管理 　・ボトルネックの解消 ➤空域ユーザーの運航 　・運航情報等の共有 　・4DT計画の策定 　・CDMへの参加 ➤コンフリクト管理 　・戦略的コンフリクト管理、間隔設 　　定、衝突回避 　・ATMサービス提供の管理 　・4DTと飛行の意図の情報 ➤情報サービス 　・情報の交換と管理 　　　（Global Air Traffic Concept 　　　　（Doc 9854）より）	○主要特徴（Key Characteristics） 　・ユーザー重視 　・分散型意思決定 　・安全管理システム 　・国際協調 　・人的能力と自動化機能の有効活 　　用 ○主要能力（Key Capability） 　・ネットワーク化による情報アク 　　セス 　・性能ベースの運用とサービス 　・気象情報を取り込んだ意思決定 　・階層型セキュリティ 　・位置・航法・時間サービス 　・軌道ベース運用 　・可視化運航 　・高密度離着陸運航 　（Next Generation Air Transporta- 　tion System Integrated Plan より）	○2020年のATM運用概念の主な 特徴 　・軌道管理による新たな空域設計 　　と管理 　・継続的な協調的計画 　・容量拡大のための統合された空 　　港運用 　・システム型情報管理（SWIM） 　・管理者と意思決定者としての将 　　来システムにおける人間の中心 　　的役割 （SESAR Definition Phase –Deliver- able 3 The ATM Target Concept より）

2　日本国内の動向

　我が国では、経済社会活動の一層の高速化、グローバル化の進展に伴い、航空サービスの重要性が高まる中、航空交通量の増大や多様化するニーズに的確に対応するとともに、効率的な航空サービスの実現を図るため、戦略的に航空交通システムの大胆な変革が必要であるとの認識の下で、欧米等の諸外国と連携しつつ、国際的な相互運用性を確保しながら、将来の航空交通システムを構築していくこととし、長期ビジョンとして CARATS（Collaborative Actions for Renovation of Air Traffic Systems（航空交通システムの変革に向けた協調的行動））を2010年に策定された。

(1)　CARATS

　CARATS では、将来の航空交通システムの構築に当たって、我が国の航空交通の特徴や社会情勢やニーズ等を踏まえ、七つの項目に対して数値目標を掲げ、2025年を想定し、それぞれ効果的に施策を推進している。

①　安全性の向上（安全性を 5 倍に向上）

②　航空交通量増大への対応（混雑空域における管制処理容量を 2 倍に向上）

③　利便性の向上（サービスレベル（定時制、就航率及び速達性）を10％向上）

④　運航の効率性の向上（ 1 フライト当たりの燃料消費量を10％削減）

⑤　航空保安業務の効率性の向上（航空保安業務の効率性を50％以上向上）

⑥　環境への配慮（ 1 フライト当たりの CO_2 排出量を10％削減）

⑦　航空分野における我が国の国際プレゼンスの向上（国際会議の開催、国際協力の案件等で評価）

(2)　CARATS の目標達成のための検討

　航空交通システムは、航空交通管理（ATM：Air Traffic Management）運用を支えるための基盤技術として、通信・航法・監視（CNS：Communication/Navigation/Surveillance）などの技術から構成されるが、CARATS の目標を達成するためには技術的な課題もあり、これらの解決に向けた新たな技術の導入に向けた検討が進められている。

①　通信技術に係る課題と研究動向

　地上と機上間の通信においては、現在、無線電話を利用した音声通信が中心となっており、交通量が増大するにしたがって、通信が輻輳し局所的に通信量が増大するため、管制処理能力の制約やコミュニケーション齟齬等のヒューマンエラーが発生するおそれがある。

　また、音声通信においては、セクタ毎に異なる周波数が必要であり、管制官がパイロットと交信している間、その他のパイロットは待機するなど周波数の利用効率が悪いほか、航空機と地上システム間で大量の情報を高速に交換できる通信媒体が存在しないことから、高度な航空管制の実現が困難な状況にある。

　このような状況の中、地上と機上の双方で情報を一体的に共有し、高精度に航空機の位置及び交通状況を把握するなど状況認識能力の向上を図る必要があり、データ通信を用いることにより、地上において航空機が有する詳細な動態情報を利用してパイロットの意図を把握することが可能となり、機上においては周辺の航空機の存在を把握することが可能となる。

② 　航法技術に係る課題と動向

　現行の航空路及び到着侵入経路等においては、地上の航空保安無線施設を基本に設定されているため、これらの地上施設の配置、精度及び電波の覆域の制約により、必ずしも柔軟で効率的な経路設定ができていない状況にある。特に空港周辺では、地形や市街地の影響などにより効率的な経路や精密進入が設定できない滑走路も存在する。

　また、離陸から着陸まで精密で四次元軌道を実現するためには、我が国のFIR全域において、航空機の正確な位置と時間を把握することが必要であり、全飛行フェーズについて精度、信頼性及び自由度の高い衛星航法を実現していく必要があると考えられる。また、より高精度で柔軟な衛星航法を活用により、従来の制限の多い直線精密侵入から自由度の高い曲線精密侵入を実現することにより、安全性や利便性の向上を図り、空域を有効に活用するとともに騒音対策にも寄与することが可能となる。

　近年、衛星を活用した経路設定や侵入経路設定としては、SBAS(Satellite

Based Augmentation System）や GBAS（Ground Based Augmentation System）による性能向上が求められているところである。SBAS については、垂直ガイダンス付きの侵入方式（LPV：Localizer Performance with Vertical guidance）を導入できる性能を有していないが、SBAS における LPV を導入するため、①準天頂衛星において二つの SBAS 信号を送信し、②地上システムのアリゴリズム改良により、LPV の要求性能を向上させるための研究開発を進めている。現在、準天頂衛星においては、2023年度目処に確立する 7 機体制の衛星システム仕様を踏まえ、2024年には LPV による運航開始ができるよう検討が進められている。

　一方、GBAS については、羽田空港へ日本初となる CAT-Ⅰ による GBAS が整備されており、2020年 8 月から本格運用を開始したところである。また、電離層活動が活発な日本の電離圏脅威モデルの開発やそれに対応した CAT-Ⅲ による GBAS 開発が進められており、2026年には導入を計画している。

　また、現在、高度な軌道ベース運航データを取り扱うためには、VHF データリンクの通信性能では不十分であり、より大容量を取り扱う信頼性の高い通信メディアが存在しないところであり、現在、諸外国の空港で導入が進められつつある AeroMACS（空港用航空移動通信システム）の国内導入に向けた検討が進められている。

③　監視技術に係る課題

　レーダーを用いた現在の監視システムにおいては、電波の覆域外となる空域（低高度、山岳地域、離島等）が存在することに加え、空港面における監視能力が十分でない状況である。また、航空機の機上装置の設定状況（選択高度等）や精度の高い動態情報（位置、速度、旋回率、上昇、降下率等）といった監視能力の向上につながる情報を取得できず、航空管制の高度化を図ることができない。さらに、航空機の機上における周辺の航空交通状況の確認においては、基本的にはパイロットの目視と管制官からの情報提供に依存していることから、周辺の他の航空機の状況が十分に把握

できないなど課題がある。

　航空路における管制間隔については、5 NM（海里）が必要であるが、管制の制約を受けている空域があるところ、今後、航空路における管制間隔を3 NMへ適用することを可能とするため、航空機の航法システム（INS等）から得られる航空機の位置情報を空地データリンクで自動的に管制システムに伝送し、それをレーダーのごとく表示装置に表示して航空機を監視する機能である ADS-B（Automatic Dependent Surveillance-Broadcast：自動位置情報伝送・監視機能）の活用による監視能力の向上を図ることで、必要な調査・検討・研究が進められており、2024年頃のADS-Bの導入を目指している。なお、欧米においては、2020年に ADS-Bの装備義務化の方針が示されているところである。

(3)　無人航空機の動向

　無人航空機の周波数については、2012年に開催された国際電気通信連合（ITU）の世界無線通信会議（WRC-12）において、5030-5091MHz を無人航空機の CNPC に利用可能とする国際共通の周波数を分配された。また、衛星経由による無人航空機の制御に関する周波数分配については、2015年のWRC-15において、Ku/Ka 帯（12/14/20/30GHz）帯の割当てが決定したが、他の業務との共用検討及び調整手続き等について継続検討となり、2023年に開催予定の WRC-23で完了する見込みである。

　一方、国際民間航空機関（ICAO）においては、ITU における周波数分配を踏まえ、2015年に RPASP が設立され、5 GHz 帯等を使用する管制区域及び管理飛行場において計器飛行方式（IFR）の国際運航を行う遠隔操縦航空機システムに係る国際標準及び勧告等（SARPs）の策定を検討中である。

　RPASP は、八つの WG が設置され、このうち WG 2（コマンド・コントロール（C 2）リンク）において、2018年10月以降、5 GHz 帯の周波数プランや無線システムの技術的検討等が本格的に議論されており、2021年3月に勧告案の第一次案が取りまとめられた。RPAS の国際標準（SARPs）は、2026年秋の適用を目標としている。

第15章　航空機の出発から到着までの交信例

　航空会社の大型航空機が、計器飛行方式（IFR）により定期便として出発地から目的の空港に到着するまでの間に、航空機局と地上航空管制機関の航空局との空地間でどのような交信が行われているかを理解するために、これまで述べてきた内容をまとめる意味で交信の具体例を挙げて説明する。

1　航空交通管制機関（ATC）の業務区分

　IFR機が東京国際（羽田）空港を出発し、北海道の新千歳空港に到着するまでの飛行区間で交信する航空管制機関名と、その管制機関からの指示を受ける管制業務の内容を表15−1に掲げる。

2　航空機就航前の準備作業

　国内の主要幹線に就航している大型旅客機の飛行計画書（案）は、航空機の出発1時間前までに各航空会社の運航管理者が機長（PIC）の同意を得て作成する。出発の準備作業では、パイロットに必要な航空路と目的空港の気象データ、気象予報、ノータム（NOTAM）等が準備され、飛行に最適の経路、高度が選定される。また、航空機に搭載される燃料、搭乗予定人数や貨物の重量をコンピュータに入力し、ウエイト＆バランスシートが準備される。

表15－1　東京－新千歳区間の管制空域と管轄管制機関

	管轄空港と担当空域	管制機関名	コールサイン	管制業務
1	東京国際飛行場（空港事務所）	航空管制情報官	（有線経由）	フライトプランの受付とその中継
2	東京国際飛行場からの出発機	東京国際飛行場管制所管制承認伝達席	Tokyo Delivery	フライトプランのACC承認の伝達
3	東京国際飛行場の走行区域（滑走路除く）	東京国際飛行場管制所地上管制官	Tokyo Ground	指定滑走路手前までの地上滑走許可
4	東京管制圏	東京国際飛行場管制所飛行場管制席	Tokyo Tower	離陸の許可
5	東京進入管制区	東京ターミナル管制所出域管制席	Tokyo Departure	指定経路上の上昇と巡航高度までのレーダー誘導の実施
6	東京管制区管轄の航空路（V11）	東京管制区管制センター（＊）（Tokyo ACC）	Tokyo Control	レーダー監視
7	札幌管制区管轄の航空路（V11）	札幌管制区管制センター（＊）（Sapporo ACC）	Sapporo Control	レーダー監視
8	千歳進入管制区	新千歳ターミナル管制所捜索管制席	Chitose Radar	滑走路進入へのレーダー誘導
9	千歳管制圏	新千歳飛行場管制所（管制塔）飛行場管制席	Chitose Tower	ILS最終進入から着陸までの許可
10	新千歳飛行場の走行区域（滑走路除く）	新千歳飛行場管制所（管制塔）地上管制官	Chitose Ground	着陸後のランプインまでの地上滑走許可

（＊）　羽田－新千歳間の航空路の管制業務は東京ACCと札幌ACCが担当し、東京ACC担当の空域は関東と関東北、札幌ACC担当の空域は東北、三沢東、北海道南の各セクタに分わかれて、それぞれに個別の専用VHF周波数が割り当てられている。

(1)　フライトプランの作成

　計器飛行方式（IFR）の航空機の飛行計画書は、航空機の出発予定時刻の少なくとも30分前までに出発する空港事務所に一定の書式用紙に記入の上、提出することが定められている。通常は、第6章3－(3)項に示したメッセージフォーマットで専用データ回線を通じて送付する。ここでは、記載される主な事項のみを表15－2に掲載する。

表 15－2　飛行計画書の記載事項の概要

フライトプランの記載事項	記載例（羽田－新千歳）
①　航空機の国籍・登録記号と無線呼出符号	・JA8941, Japanair 501
②　航空機の型式	・B777-300
③　機長の氏名	・Capt. Yamada. R.
④　IFR 又は VFR の別	・IFR（計器飛行方式）
⑤　出発地	・RJTT（羽田空港）
⑥　出発予定時刻と到着予定時刻（時間表）	・ETD/0630I ETA/0800I
⑦　巡航高度及び航路	・（次表15－3参照）
⑧　最初の着陸地（目的空港）	・千歳空港（RJCC）
⑨　離陸から到着予定時刻までの所要時間	・1時間08分
⑩　巡航高度の真対気速度	・475ノット
⑪　使用する無線設備	・省略
⑫　代替飛行場	・函館空港（RJCH）
⑬　持久時間で表した燃料搭載量	・函館までの時間（29分）
⑭　搭乗総人数	・229名
⑮　その他 ATC、捜索及び救助の参考事項	

(2)　飛行経路"Y11"

　JAL501便機は、羽田空港を離陸後指定されたコースと高度（広域航法計器出発方式：RNAV SID）で飛行しウェイポイント AGRIS を経由して航空路"Y11"に入る。この飛行経路は、RNAV 経路と呼ばれ、千歳（VORDME）をほぼ直線で結ぶ直行ルートである。

（注）　RNAV：Area Navigation（広域航法）航空保安無線施設の位置に左右される
　　　　ことなくルート設定する航法システム。

　このルートの途中には緯度、経度で示した特定の地点（地名にはない地理
上の位置：YAITA、SAMBO 等）を設定してあり、機上の RNAV 装置でそ
の上空通過を確認する。

　航空路"V13"等は、地上の VOR/DME の航空保安施設を結ぶルートで
あるのに対し、RNAV の"Y11"ルートは機上搭載の RNAV 装置と地上で
のレーダー監視を有効に活用し、千歳（VORDME）まではほぼ直線で結んで
羽田―新千歳間の飛行距離を短縮した航空路の例である。直行ルートであ
る。

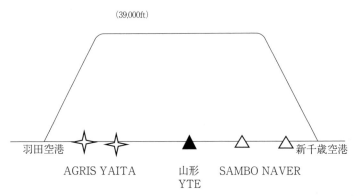

（注）　▲：VOR/DME が設置されている場所
　　　　△：位置通報地点（ただし、通報を義務付けられていない）
　　　　✧：ウェイポイント

図15－1　羽田－新千歳間の飛行経路図

表15－3　航空路（羽田－新千歳）の計器飛行方式による飛行高度

巡航高度

磁方位による飛行方向			
180° ～ 359°		0° ～ 179°	
IFR only		IFR only	
・		・	
・		FL490	
FL470		FL450	
FL430		**FL410**	
FL400		**FL390**	
FL380		**FL370**	
FL360		**FL350**	
FL340		**FL330**	
FL320		**FL310**	
FL300		**FL290**	
IFR	VFR	IFR	VFR
FL280	FL285	FL270	FL275
FL260	FL265	FL250	FL255
FL240	FL245	FL230	FL235
FL220	FL225	FL210	FL215
FL200	FL205	FL190	FL195
FL180	FL185	FL170	FL175
FL160	FL165	*FL170*	*FL175*
FL140	*FL145*	13,000	13,500
12,000	12,500	11,000	11,500
10,000	10,500	9,000	9,500
8,000	8,500	7,000	7,500
6,000	6,500	5,000	5,500
4,000	4,500	3,000	3,500
・	・	・	・

太字＝ RVSM 適合機のみ選択可能
斜字＝気圧が標準大気圧よりも低い場合、使用できないことあり

〔注〕IFR 機の巡航高度の規制（1,000ft 以上）
① 　磁方位 0°以上180°未満の飛行方向
　　29,000ft 未満で飛行する場合は1,000ft の奇数倍の高度
　　29,000ft 以上は RVSM（Reduced Vertical Separation Minimum）
② 　磁方位180°以上360°未満の飛行方向
　　29,000ft 未満で飛行する場合は1,000ft の偶数倍の高度
　　29,000ft 以上は RVSM

表15- 4 　羽田－新千歳間の航空路（Y11）の経路

通過地点	緯度・経度	針路	航空路名	巡航高度	距離 (NM)	時分
羽田空港	――	――	―― (SID)	（離陸）		
ROVER	N35.593 E139.510			上昇	044	008
AGRIS	N36.252 E139.566	007	Y11	上昇	027	004
YAITA	N36.525 E139.577	010	Y11	上昇	027	004
＜巡航開始＞		020	Y11	FL390	052	006
YTE	N38.233 E140.215	020	Y11	FL390	042	005
SAMBO	N40.113 E140.570	023	Y11	FL390	111	013
＜巡航終了＞		023	Y11	降下開始	023	014
NAVER	N42.077 E141.315	021	Y11	降下	095	012
新千歳空港	N42.465 E141.416	012	(STAR)	（着陸） （855.6km）	041 462NM	[68]

緯度・経度の表記方法は、新千歳空港を例にすると、

N42.465　E141.416と記入してください。

N42.46.5　E141.41.6ではありません。

また、北緯42.465度です。

北緯42度46.5分ではありません。

（注）1　上記緯度・経度は、RNAV 装置に入力する数値であり、通常運航区間を選択すると自動的に入力される。

（注）2　航空路（Airway）とは、航空機が無線航法援助施設によって設定、航空法規則に基づいて公示された飛行通路であって、主として巡航に使用される。

　　　RNAV 経路とは RNAV 仕様に従い運航をする航空機のための経路をいう。

(3)　飛行前の気象データ

　　国内の主な飛行場には、航空気象の観測を行う地方気象台、測候所及び空港出張所のいずれかの気象官署が設置されており、指定された時間と一定の

基準で気象観測を行い、その観測結果を観測気象報として航空機運航機関に提供している。大手航空会社では通常、運航管理者が目的地の空港の気象情報はデータ通信回線を介して事前に入手、解析し、機長（PIC）へフライトプランの検討及び航空法上の必要資料としてセルフブリーフィングシステムを介して提供される。その他必要なデータは当該システムより入手できる。気象データには気象機関から提供される情報の他にもタワーで観測したもの、航空機から報告されたもの、レーダーで確認したものなどがある。気象機関が提供する代表的な気象データ電文（TAF、METAR）の2例を示す。

〔例－1〕TAF：飛行場予報（略語形式で書かれた24時間有効の予報）抜粋

TAF RJCC 080310Z 080024 17006 4000 10BR 7ST003 GRADU 0103
9999 WXNIL 3ST008 5C025

〔略号の解説〕

　　RJCC＝千歳空港、080024＝8日00時（UTC）から24時間、17006＝風向（3桁の方角）と風速（2桁のknot）、BR＝もや（mist）、7＝7/8の雲量（上空一面を覆う雲量を8/8としての表示）、ST＝層雲（stratus）、CU＝積雲（cumulus）、003＝雲低（地上から最下層の雲までの距離）×100フィート、GRADU＝gradually、0103＝01〜03の時間帯、9999＝視程が10km以上ある時の特別表示方式、WX＝Weather気象、NIL＝なし。雲のデータが二つある場合は第1層と第2層。

〔訳例〕

　　8日03時10分（世界時）現在の飛行場予報（TAF）

　　予報の有効時間は8日00時 UTC（09時 JST）から9日00時 UTC（09JST）まで、風向170度6ノット、視程4,000m、10%程度の薄いもや（mist）、雲量7/8の層雲で雲低/300フィート、漸次変化01－03UTCの時間帯（日本時間10－12時の間）、視程10km以上、もや解消、第1層は雲量3/8の層雲で雲低800フィート、第2層は雲量5/8の積雲で雲低2,500フィート。

〔例－2〕METAR：定時航空実況気象通報式（国際気象通報式）抜粋

```
METAR LAST 05 HRS  AS OF 080253Z
RJCC
.... 072200   18001   4500   10BR       7ST004   14/13   1012/2990
.... 072230   18001   3500   10BR       7ST003   14/13   1012/2991
                          －省略－
.... 080230   36008   5000   20REDZ  7ST005   16/14   1013/2991 BR
```

〔略号の解説〕データの解説は冒頭部とテキストの最終ラインのみ

　　LAST 05 HRS AS OF＝8日02時53分（世界時）現在の最新5時間以内のMETAR．RJCC＝千歳空港、080230＝8日02時30分世界時、36008＝風向と風速、5000＝視程距離、20＝程度（%）、RE＝前1時間の意味、DZ＝霧雨（Drizzle）、7ST005＝雲状（上記例－1参照）、16＝気温摂氏度数、14＝露天温度、1013＝気圧（hPa）、2991＝気圧 inch、BR＝靄（もや：mist）。

(4)　**ウエイト＆バランス・マニフェスト**（Weight & Balance Manifest）

　　航空機は、機体構造上の強度やエンジンの最大出力などの制約によって離陸と着陸のときの最大重量の数値が定められており、この最大値から航空機自体の重量と搭載燃料や運航乗務員や客室装備品などの航空機の運航に必要な重量を差し引いた残りの数値が、搭乗旅客や手荷物や貨物を搭載できる最大重量となる。そして旅客の座席配分と手荷物や貨物の搭載場所は、航空機の主翼中心部にある重心に影響を及ぼさないようにバランス良く行う必要があり、この搭載の最終結果は、ウエイト＆バランスマニフェスト（重量・バランスの積荷目録）として出発直前にACARSで送られる。

　　なお、貨物は事前に重量を計測して機体下部のスペース区分に重量が均等になるように搭載する。さらに、搭乗旅客の重量は国内線では1人当たり大人145ポンド（65.83kg）、小人70ポンド（31.78kg）、国際線では1人当たり大人160ポンド（72.64kg）、小人80ポンド（36.32kg）として計算し、座席指定は前後と左右ほぼ均等になるように行う。なお、出発前のセルフブリーフィング時に予想値が提供されており事前確認する。

3　航空機の出発から到着までの交信

　JAL501便の札幌行き定期便が、羽田空港の出発1時間前から目的地の新千歳空港に到着するまでの航空管制通信の経緯について順を追って説明することとする。

(1)　出発準備

　航空機の乗員は、通常国内線の場合、航空機の出発時刻のおよそ1時間10分前に各航空会社のオペレーションセンターに集合する。機長（PIC）と副操縦士は、セルフブリーフィングシステムの端末を介し、あらかじめ運航管理者が作成したフライトプラン（案）の内容に目を通し、さらに飛行経路と目的地の空港の気象状況、空港の滑走路や航行援助施設のノータムを確認する。機長がそのフライトプランの内容に同意すれば両者が署名する。

　運航管理者と機長による飛行実施計画の相互確認は、EOBT（Estimated Off Block Time）の30分前までとされているが、これはIFRの飛行計画は30分前までに通報しなければならないことによっている。通報された飛行計画は、CABの飛行情報管理システム（FDMS）により、飛行計画情報として編集され、関係管制機関等に通報される。定期便の運航事業者は通常専用通信回線によってフライトプランをファイルする。

　航空会社からのフライトプラン・メッセージは、東京国際（羽田）空港事務所にファイルされた後、東京DTAXを経由して東京管制区管制センターにある飛行計画情報処理システム（FDP）に送信され、その計画の内容が審査される。承認されたフライトプランは、その飛行経路の管制業務を担当する各地方の航空管制機関に専用データ回線（CADIN）を経由して順次伝達される。その最初の担当機関は、出発する羽田空港のタワーであり、JAL501便の運航票が飛行場管制所（管制承認伝達席）のプリンタに出力される。

(2)　エンジン・スタート5分前

　国内路線の操縦室乗員は、機長（PIC）と副操縦士の2名体制でコクピット内の進行方向左側が機長、右側が副操縦士（Copilot）の席となっている。副操縦士は、通常飛行開始前に地上整備員とエンジン、燃料系統、通信機器

などの作動などについての確認を行い、さらに最終的な旅客の搭乗人数、貨物の搭載量、ウエイト＆バランス・マニフェストなどのチェックを行い運航管理者と最終確認を行う。航空機周辺の地上での出発準備作業が終了し地上より「出発5分前」の連絡があると、副操縦士は飛行場管制所（管制タワー）の管制承認伝達席（呼出名称：デリバリー）に「エンジン・スタート5分前」の許可を要求する。管制タワーはこの要求を受けて東京航空管制センター（ACC）に管制承認の要求を行う。

　（羽田・成田ではCPDLC対応機は15分前に機上装置でリクエストすることができる。）

〔管制機関との交信例〕

［機局］　Tokyo Delivery（呼出す相手局）, Japanair five zero one（発信局名）
Spot niner, information Alpha.（羽田ではSPOT番号を伝えるのみ）
（東京デリバリー、JAL501便、スポット9番、ATIS情報はAを入手済み）

［管制］　Japanair five zero one, Tokyo Delivery, go ahead.
（JAL501便宛、東京デリバリーより、どうぞ）

［機局］　Japanair five zero one, five minutes before starting to New Chitose Airport, proposing flight level three seven zero. Spot nine, information Alpha.
（JAL501便より、新千歳空港へ向けてエンジンスタート5分前です。フライトレベル370（高度3万7000フィート）を要求します。スポット9番、ATIS情報はAを入手済み）

［管制］　Japanair five zero one, expect departure at or later than zero six five zero india due to flow control.
（トラフィック・フロー調整のため出発は、日本標準時（I）で6時50分又はその後になる予定）

［機局］　Japanair five zero one.（了解）

（注）・〔機局〕は航空機局（コールサイン：Japanair 501）の略。
　　　・〔管制〕は管制機関の航空局の略（表15-1参照のこと）
　　　・ゲート9番：航空機搭乗口番号
　　　・information-A：第7章4-(3)-①-(b)参照
　　　・Flight Level：気圧高度計による高度。日本では高度14,000フィート以上を100
　　　　　　　　　　　単位の3桁の数字でフライトレベル（FL）で表す。その数値は
　　　　　　　　　　　1字ずつ発音する。
　　　・時刻の発音：時（hour）と分（minute）はそれぞれ2桁の数字で表し1数字ず
　　　　　　　　　　つ読む。ただし、誤解が生じなければ2桁の時は省略しても良い。
　　　　　　　　　　なお、参考までにタイムチェックで秒を表現する時は "one quar-
　　　　　　　　　　ter", "one half", "three quarters" となる。
　　　・日本標準時（JST：Japan Standard Time）は、略して "I"（india）で表される。
　　　　　　　　　　なお、世界協定時はUTC（Co-ordinated Universal Time）、現地
　　　　　　　　　　標準時はLMT（Local Mean Time）。

(3)　出発準備完了

　航空機は、出発の準備が完了した時点で管制機関と交信し、出発準備が終
了したことを通知する。管制機関は、航空機局に対しエンジン・スタートの
許可に併せて、千歳空港までのフライトプランに対する「管制承認」（ATC
クリアランス）を与える。ATCクリアランスでは、千歳空港までのフライ
トプランの飛行経路、巡航高度などがそのまま若しくは一部変更して承認さ
れるほか、離陸後に出域管制席と交信する無線周波数やATCトランスポン
ダ・コードが指示される。このATCトランスポンダのコード（4桁の数字）
は、地上の管制官が監視レーダーでその航空機を識別するために必要なコー
ドであるとともに航空機に不測の事態が発生した場合にも利用される。

〔第10章2-(4)参照〕

〔**交信例**〕以下の交信で航空機局のコールサインは数字で表記するが読み方は
　　　　　上記(2)と同じ一数字毎に発音。また、訳文は本文のみとする。

〔機局〕　Tokyo Delivery, Japanair 501, ready to start engines.
　　　　　（エンジン・スタート準備完了）

〔管制〕　Japanair 501, clearance.（クリアランスを伝えます）

〔機局〕　Japanair 501, go ahead.（どうぞ）

〔管制〕　Japanair 501, cleared to New Chitose Airport via Rover two A departure then flight plan route, maintain flight level one seven zero, squawk five zero three seven.

（Pluto two の標準計器出発方式（SID）で新千歳空港への出発を許可する。以後フライトプランの経路でフライトレベル−170を維持せよ。トランスポンダを5037にセットせよ）

［機局］ Japanair 501, cleared to New Chitose ....＜上記の復唱＞....

［管制］ Japanair 501, contact Ground Control one two one decimal seven.
（グラウンド管制と121.7MHz で交信せよ）

［機局］ 121.7, Japanair 501（復唱）

（注）・Pluto two departure（SID：標準計器出発方式）：
IFR の出発機は指定された航空路（Y11）に到達するまで安全に上昇するように設定された飛行経路で高度や旋回方向などが規定されている。「関宿」に至るまでの標準計器出発方式（SID：Standard Instrument Departure）はノータムに公示されている。なお、Rover−2 A の数字は更新ごとに付けられる番号であり、最新の有効のものであることを確認する。（図15−2　参照のこと）
・squawk：機上のトランスポンダー（自動応答装置）をコード番号（4桁の数字）にセットすること。
・push back：牽引車（towing car）が航空機を駐機位置から自走できる誘導路の位置まで押し出すこと。

TOKYO INTL

STANDARD DEPARTURE CHART-INSTRUMENT

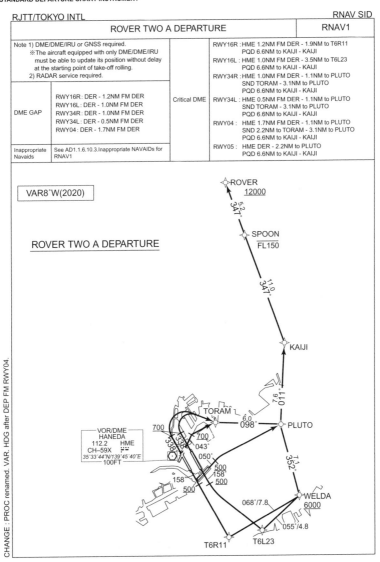

図15－2　東京国際空港（羽田）の出発経路　　出典：国土交通省　航空路誌（AIP）

(4) 地上走行（Taxing）開始

　航空機から搭乗ブリッジが外され、牽引車は航空機を誘導路までプッシュバックして自走できる位置で切り離される。東京国際空港の地上管制（グラウンドコントロール）には五つの VHF 周波数が割り当てられており、滑走路34R へのタクシングには、この二つの指定された周波数を使用して滑走路までの走行許可と走行経路が指示される。離陸する滑走路番号とそこまでの誘導路が指定される。滑走路は4本あり、その時点での風向き等により離発着の滑走路が指定される。マルチラテレーションシステム（注）が設置されている空港では、航空機が移動を始める直前にトランスポンダをオンにする。

（注）トランスポンダからの信号により航空機の位置を算出し、識別情報とともに管　　制卓に表示する。

〔交信例〕

〔機局〕　Tokyo Ground, Japanair 501, request push back spot 9, information Alfa.

　　　　（スポット9番からプッシュバックの許可を要求します。ATIS 情報はAを入手済み）

〔管制〕　Japanair 501, cleared to push back, Runway three four right, heading south.

　　　　（プッシュ・バックを許可する、滑走路34R、南向きに止まれ。）

〔機局〕　Cleared push back, Runway 34R, heading south. Japanair 501.

　　　　（了解、上記の復唱）

＜地上機材の取外し、ブレーキの開放、エンジンスタート＞

〔機局〕　Tokyo Ground, Japanair 501, request taxi.

　　　　（タクシーの許可を要求する）

〔管制〕　Japanair 501, taxi via Whiskey, Hotel hold short of Hotel 2.

　　　　（WとHを走行し、H2の手前で待機）

〔機局〕　Taxing via Whiskey, Hotel hold short of Hotel 2. Japanair 501.

（復唱）

［管制］　Japanair 501, contact Ground one one eight decimal two two.

（東京グラウンドと118.22MHz で交信せよ）

［機局］　118.22. Japanair 501.（復唱）

［機局］　Tokyo Ground, Japanair 501, on Hotel.

（Taxiway H 上をタクシー中です）

［管制］　Japanair 501, taxi to runway 34R holding point via H,C.

（Taxiway H と C を経由して、滑走路34R のホールディングポイン

トまで走行せよ）

［機局］　Taxi to runway 34R holding point via H,C. Japanair 501.

（復唱）

［管制］　Japanair 501, contact Tokyo Tower 124.35.

（東京タワーと周波数124.35MHz で交信せよ）

［機局］　124.35 Japanair 501.

（復唱）

（注）
・Runway 34R：
　2 桁の滑走路識別番号は滑走路の磁方位を10単位で表したものである。同一方向に
　複数の平行滑走路がある場合には数値の次に R（right：右）、C（center：中央）、
　L（left：左）何れかの 1 文字が付けられる。Runway 34R は、340度方向の右側の
　滑走路を示す。なお、R は "Romeo"、L は "Lima"、C は "Charlie" の発音でも可。
・東京グラウンド・コントロール：
　羽田空港の飛行場管制所の地上管制官席は、東西南北の五つのエリアに分割し、
　別々の周波数で地上管制が行われている。H は東西のエリア（滑走路）を結ぶ誘導
　路であるため、両エリア担当の管制席と交信する。

⑸　離陸の準備完了と離陸許可

　航空機は、指示された誘導路を走行して、滑走路34R の手前の停止位置で
一旦停止して飛行場管制所管制塔（飛行場管制席）に対して「離陸の許可」
を要求する。管制タワーでは、その航空機の直前に離陸した航空機の状況や
着陸予定の航空機の動向を確認の上、滑走路に入り正対すると離陸許可が与

えられる。

〔交信例〕

[機局] Tokyo Tower Japanair 501 ready for departure.（離陸準備完了）

[管制] Japanair 501 Tokyo Tower Runway 34R line up and wait.

（滑走路34Rにラインナップし、停止せよ）

[機局] Runway 34R lining up and wait, Japanair 501.（復唱）

[管制] Japanair 501, wind 320 degrees 10 knots Runway 34R cleared for take off.

（風向320度10ノット、滑走路34Rからの離陸支障なし）

[機局] Runway 34R cleared for take off, Japanair 501.（復唱）

[管制] Japanair 501, wind zero one zero degrees at one two knots, Runway 34R.

（風向10度12ノット、滑走路34Rからの離陸支障なし）

[機局] Japanair 501, Runway34R, cleared for take-off.（復唱）

[管制] Japanair 501, contact Departure.

（東京ディパーチャーと交信せよ）

[機局] Japanair 501, good day.

（注）

・航空機局（Japanair 501）が東京タワーを呼出し、最初の通信設定を行うための呼出と応答には相手局と自局のコールサインを必ず入れる。上記の最初の2行参照のこと。それ以後は機局のコールサインのみ。

・風向風速の送信で"degrees"や"knots"の単位は省略してもよい。

・ディパーチャーの周波数がATISに含まれている場合は、離陸後の移管指示で周波数は省略される。

(6) **離陸後の上昇と航空路へのレーダー誘導**

　　航空機は、離陸滑走路に入るときにトランスポンダをTA/RA（注1）位置にする。コントロール・タワーから離陸のクリアランスを得ると、コクピット内の準備完了をチェックリストで確認し、機長席とコパイの間にある出力調整用レバーのTOGA（注2）スイッチを押し、エンジンを離陸推力にして離陸を開始する。離陸が完了し航空機が一定の距離と高度に達すると

航空機への管制業務は、「東京タワー」から東京ターミナル管制所の出域管制席が担当する「東京ディパーチャー」のレーダー管制に移管される。東京ターミナル管制所のレーダーによる管制業務は、管制タワーとは別の階にある通称、IFRルームと呼ばれる部屋で行われており出発機の管制の他に進入機の管制業務も行っている。

　JAL501便は、図15-2に示す「Rover two A 出発」の標準計器出発方式の経路を飛行してウェイポイント AGRIS 上空で航空路 "Y11" に到達する。図の経路で説明すると航空機は滑走路34Rを離陸後、338度の針路で上昇し700ft以上で右旋回して TORAM へ向かう。PLUTO、KAIJI、そして SPOON に向かって飛行する。SPOON をフライトレベル150以下で、ROVER を高度12,000ft以上で通過する。

〔交信例〕

[機局]　Tokyo departure, Japanair 501 passing one thousand six hundred for flight level 170.

　　　　（東京ディパーチャー、JAL501機は高度1,600フィートを通過し、フライトレベル170向け上昇中）

[管制]　Japanair 501 Tokyo departure, radar contact.

　　　　（レーダー捕捉した）

[管制]　Japanair 501 recleared direct AGRIS, climb and maintain flight level 170.

　　　　（AGRIS へ直行し、フライトレベル170に上昇せよ）

[機局]　Recleared direct AGRIS, climb and maintain flight level 170, Japanair 501.

　　　　（復唱）

[管制]　Japanair 501, contact Tokyo control one two four decimal one.

　　　　（復唱）

　　　　（東京コントロールと124.1MHz で交信せよ）

[機局]　124.1, Japanair 501.（復唱）

［機局］　Tokyo Control Japanair 501, leaving one two thousand for flight level 170.

（東京コントロール、JAL501 12,000フィートを通過しフライトレベル170へ上昇中）

［管制］　Japanair 501, Tokyo Control climb and maintain flight level 390.

（JAL501東京コントロール、上昇してFL390を維持せよ）

［機局］　Climb and maintain flight level 370, Japanair 501.（復唱）

（注1）空中衝突防止装置を作動させるスイッチ。トランスポンダを搭載した航空機間で通信を行い、他機の位置と高度情報を提供する。
　　　　TA（Traffic Advisory）接近情報、RA（Resolution Advisory）回避情報
（注2）オートスロットルを利用して離陸推力をセットするときにTO/GA スイッチをプッシュする。
（注3）通信設定（＊）飛行中の航空機局が管制機関と新たに通信設定を行う場合には、自局のコールサインの後にその時の高度値（100ft 単位）をつけて呼び出す。
　　　　・高度：フィートで表す高度値は、14,000フィート以下に使用し百及び千の語を付けて発音する。
　　　　　　（例）11,000＝one one thousand, 900＝nine hundred.
　　　　・climb via SID to ［altitude］：標準計器出発方式（SID）の制限に従い上昇する。

(7)　東京 ACC 管轄の航空路（Y11）巡航

　　Japanair 501機は、AGRIS上空で航空路Y11に入り、引き続いて上昇を続行してウェイポイント YAITA を過ぎて巡航高度39,000フィート（フライトレベル390）に達する。東京 ACC は、航空路監視レーダー（ARSR/SSR）により管轄の航空路を飛行する航空機を捕捉してその位置（航空路上の高度）、航空機相互の間隔を常時監視すると共に適時、レーダー交通情報の提供を行っている。航空路（Y11）の東京 ACC のレーダー監視は、千葉県香取郡山田と宮城県石巻市の上品山（じょうぼう山、標高468m）に設置されている ARSR/SSR が行っている。

〔交信例〕

［管制］　Japanair 501, contact Tokyo Control, one one eight decimal niner.

　　　　　（東京コントロールと118.9MHz で交信せよ）

［機局］　One one eight decimal niner, Japanair 501.（復唱）

［機局］　Tokyo Control, Japanair 501, maintain Flight Level 390.

　　　　　（東京コントロール JAL501フライトレベル390巡行中）

［管制］　Japanair 501, Tokyo Control maintain Flight Level 390.（復唱）

［管制］　Japanair 501, contact Sapporo Control one two four decimal five.

　　　　　（札幌コントロールに124.5で交信せよ）

［機局］　124.5. Japanair 501.

⑻　札幌 ACC 管轄の航空路（Y11）の巡航

　福岡 FIR を飛行する航空機は、飛行方式や高度のいかんにかかわらず、定められた通報点および管制官から位置通報を要求された地点において、位置通報を行わなければならない。ただし管制官から "Radar contact" と通報されてレーダー管制業務が開始された後 "Radar service terminated" あるいは "Radar contact lost" と通報されるまでは、特に指示されない限り位置通報を行う必要はない。航空機の位置は、常時地上の管制機関で捕捉されている。札幌 ACC の航空路 Y11のレーダー監視は、八戸（青森県）と横津岳（函館）の ARSR/SSR によって実施されており、航空機は東北 VOR/DME（青森県東北町）通過後間もなくして新千歳空港に向けて降下を開始する。（図15－1参照）

〔交信例〕

［機局］　Sapporo Control, Japanair 501 flight level three seven zero.

　　　　　（札幌コントロール　JAL501フライトレベル390巡行中）

［管制］　Japanair 501, Sapporo Control, proceed direct Naver.

　　　　　（Waypoint Naver へ直行せよ）

［機局］　Direct Naver, Japanair 501.（復唱）

［管制］　Japanair 501, at pilot's discretion decend and maintain flight level two one zero.

（パイロットの判断で、降下してフライトレベル210を維持せよ）

［機局］　At pilot's discretion decend and maintain flight level two one zero, Japanair 501.（復唱）

［機局］　Japanair 501, leaving flight level three nine zero for two one zero.
（JAL501 FL 390を離れ、FL 210に降下します）

［管制］　Japanair 501, decend and maintain 12,000 QNH 2990, contact Chitose Radar 120.1.

（12,000フィートに降下して維持せよ、アルティメーターセッティング（QNH）は29.90インチ、千歳レーダーと120.1MHzで交信せよ）

［機局］　Descend and maintain 12,000, QNH 2990, 120.1. Japanair 501,
（復唱）

（注）・QNH：QNHセッティングと呼ばれており、ある空港の管制塔から送られた海面気圧値を、高度計の気圧セット・ノブを回してその気圧値に合わせると、高度計の指示はそこでの海面上からの高度を指示するセッティングである。
　　　・QNE：4桁数字のインチ単位で表した"29.29"の気圧値であり、小数点とその単位"inch"は省略する日米方式の表示。ICAO方式は4桁数字のヘクトパスカル（hPa）で表し、その単位（hectopascal）を付加する。
　　　（例）　QNH 1013 hectopascals.
　　　<*> 1気圧＝29.9212 inch/Hg（水銀）＝1013.2 hectopascals
　　　・アルティメーターセッティング（Altimeter setting）：
　　　機上の気圧高度計を規正することであり、一定空域（内陸）を飛行するIFR機は、空港を出発するときと到着するときに事前に管制機関よりQNH値を入手し、気圧高度計をセットし直すことが義務づけられている。なお、上記以外の洋上飛行では常に高度計をQNE（29.92inch/1013.2hPa）にセットする。

(9)　新千歳空港への進入開始

　航空機は、空港到着のおよそ30分前頃から着陸の準備に入る。パイロットは、新千歳ターミナル管制所（千歳レーダー）と交信する前に新千歳空港の気象状況や使用中の滑走路やノータムなどを繰り返し放送している新千歳空港（New Chitose Airport）の飛行場情報（ATIS）を入手する。

　一方、札幌ACCは、航空機の方位や飛行高度を監視しながら航空機が千

歳進入管制区付近までレーダー誘導を行い、新千歳レーダーに進入管制業務を移管する。航空路（Y11）から新千歳空港の最終進入地点までは、標準到着経路（STAR：Standard Terminal Arrival Route）が設定されている。千歳レーダーは、この到着経路に沿ってレーダー誘導を行い、次の千歳タワー管轄の最終進入コースに入るまでの管制業務を行う。新千歳空港へは、航空路Y11を北上し下北半島を抜けて海上に出て千歳レーダーの管制下に入り、管制承認限界点である"NAVER"（N42 07.7 E141 31.5）手前でレーダーベクターとなり、最終ILS滑走路01Rの進入コースへ誘導される。

〔交信例〕

［機局］　Chitose Radar, Japanair 501, passing flight level one six zero for one two thousand feet, information Charlie.

（高度12,000フィートに向けてFL160を通過中、新千歳空港の飛行場情報（ATIS）は"C"を入手済み）

［管制］　Japanair 501, descend and maintain eight thousand, QNH two nine nine two.

（8,000フィートに降下しそれを維持せよ、QNHは2992です）

［機局］　Descend and maintain 8000, QNH 2992 Japanair 501.（復唱）

［管制］　Japanair 501, turn right heading zero three zero vector to ILS Y runway 01right final approach course, descend and maintain three thousand.

（ILS 01R最終進入コースにレーダー誘導する、針路030度に右旋回し、3,000フィートに降下して維持せよ）

［機局］　Right 030 maintain 3000, Japanair 501.（復唱）

［管制］　Japanair 501, five miles from YOTEI, cleared for ILS Y runway zero one Right approach, contact Chitose Tower on one one eight decimal eight.

（YOTEIから5マイル、ILS Y滑走路01Rへの進入支障なし、千歳タワーと118.8MHzで交信せよ）

［機局］　Cleared for ILS Y runway 01R approach, 118.8,Japanair 501.

（復唱）

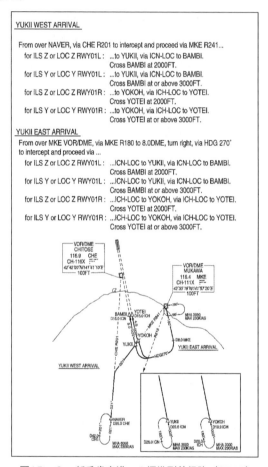

YUKII WEST ARRIVAL

From over NAVER, via CHE R201 to intercept and proceed via MKE R241...
　　for ILS Z or LOC Z RWY01L :　...to YUKII, via ICN-LOC to BAMBI.
　　　　　　　　　　　　　　　Cross BAMBI at 2000FT.
　　for ILS Y or LOC Y RWY01L :　...to YUKII, via ICN-LOC to BAMBI.
　　　　　　　　　　　　　　　Cross BAMBI at or above 3000FT.
　　for ILS Z or LOC Z RWY01R :　...to YOKOH, via ICH-LOC to YOTEI.
　　　　　　　　　　　　　　　Cross YOTEI at 2000FT.
　　for ILS Y or LOC Y RWY01R :　...to YOKOH, via ICH-LOC to YOTEI.
　　　　　　　　　　　　　　　Cross YOTEI at or above 3000FT.

YUKII EAST ARRIVAL
From over MKE VOR/DME, via MKE R180 to 8.0DME, turn right, via HDG 270°
to intercept and proceed via ...
　　for ILS Z or LOC Z RWY01L :　...ICN-LOC to YUKII, via ICN-LOC to BAMBI.
　　　　　　　　　　　　　　　Cross BAMBI at 2000FT.
　　for ILS Y or LOC Y RWY01L :　...ICN-LOC to YUKII, via ICN-LOC to BAMBI.
　　　　　　　　　　　　　　　Cross BAMBI at or above 3000FT.
　　for ILS Z or LOC Z RWY01R :　...ICH-LOC to YOKOH, via ICH-LOC to YOTEI.
　　　　　　　　　　　　　　　Cross YOTEI at 2000FT.
　　for ILS Y or LOC Y RWY01R :　...ICH-LOC to YOKOH, via ICH-LOC to YOTEI.
　　　　　　　　　　　　　　　Cross YOTEI at or above 3000FT.

図15－3　新千歳空港への標準到着経路（STAR）

出典：国土交通省　航空路誌（AIP）

（注）・ベクター（vector）：管制官がレーダースコープ上の機影を監視しながら航空
　　機を誘導すること。本来の意味は管制官が指示する針路（heading）をいう。
　　・ILSアプローチの最終進入コースへのレーダー誘導は、グライドスロープより
　　下方の地点でローカライザに会合するよう行われる。

(10)　新千歳空港への最終進入と着陸

　標準到着経路（STAR）の最終コースの高度は、ILS アプローチ開始の高度と一致するように設定されている。新千歳ターミナル管制所はこの標準到着経路（STAR）の最終高度（地点）まで航空機をレーダー誘導し、その後の管制業務は飛行場管制所（千歳タワー）が引き継ぐが、航空機局は ILS のローカライザコース上でグライドスロープの信号を捕捉し、パイロットは機上の ILS 計器で航空機の姿勢、高度、進行方向をモニターしながら自動着陸体制に入り、千歳タワーと交信する。この最終進入の飛行過程でタワーから「滑走路への着陸許可」が出される。この頃より航空機は徐々に減速しランディング・ギアが降ろされ、コクピット内に緊張感が漂う一瞬でもある。航空機は、およそ時速200km の速度でほぼ北方向に長さ3,000m×幅60m の滑走路に接地すると自動的にブレーキが作動し、スポイラー（spoiler）が立ち上がり、さらにエンジンの逆噴射により減速し、地上走行の速度にする。管制塔（千歳タワー）は、航空機が滑走路に着陸するのを確認し、滑走路を離脱する誘導路を指示する。

〔交信例〕

[機局]　Chitose Tower, Japanair 501, approaching YODAI.
　　　　（YODAI へ近づいている）

[管制]　Japanair 501, Chitose Tower, report 6 ILS DME runway zero one right.
　　　　（滑走路01R 6 ILS DME を報告せよ）

[機局]　Report 6 ILS DME runway zero one Right, Japanair 501.
　　　　（復唱）

[機局]　6 ILS DME runway zero one right, Japanair 501.
　　　　（滑走路01R 6 ILS DME を通過する）

[管制]　Japanair 501, runway zero one right cleared to land, winds three five zero at five knots.
　　　　（滑走路01Rへの着陸支障なし、風向350度、風速5ノット）

［機局］　Runway zero one right cleared to land, Japanair 501.（復唱）

＜滑走路への着陸＞

［管制］　Japanair 501, take first left when cleared runway, cross runway 01L, contact Chitose ground on one two one decimal six.

（滑走路から離れたら最初の誘導路を左折せよ、滑走路01Lを横断して、千歳グラウンドと121.6MHzで交信せよ）

［機局］　Take first left, cross runway 01L, 121.6MHz, Japanair 501.（復唱）

⑾　地上走行とスポットイン

　航空機が滑走路に着陸して誘導路に出ると、航空機局は管制塔の「千歳グラウンド」と交信して駐機するスポットまでの誘導経路の指示を受ける。

　航空機が誘導路からエプロン内の指定されたスポットへの誘導を受けて定位置に停止する。なお、着陸後はなるべく早い時期にトランスポンダのスイッチをTA/RAからONにする。駐機したら直ぐにトランスポンダのスイッチをSTBYにする。エンジンを停止した後は、パーキング・チェックリストを実施して駐機を確認する。機外ではボーディング・ブリッジが付けられて乗客の降機が始まる。

〔交信例〕

［機局］　Chitose Ground, Japanair 501, clear the active, Alfa three, spot one two.

（滑走路から離れました、誘導路A 3にいます、スポット12番です）

［管制］　Japanair 501, continue to spot one two via taxiway Alfa three and Hotel five.

（誘導路A 3とH 5を経由してスポット12へ走行せよ）

［機局］　A3 and H5. Japanair 501.

⑿　飛行終了後の報告

　コクピット内では、航空機毎に備えつけられているログブック（航空日誌：log book）に航空機のエンジン、各システム系統のデータ、飛行時間、乗員

の氏名などを記入し、機長が確認の上署名する。なお、乗客の降機が終わると地上整備士は、コクピット室内に入り運航乗務員から乗務中に発生した故障や不具合な点などの説明を受けて点検作業に入る。運航乗務員は、降機後に運航管理事務所に赴き、後続の上り便や折り返しの下り便の参考となる羽田−千歳間の航路上の気象状況などを運航管理者に報告し、501便の乗務を終了する。

付 録 ・ 索 引

付録1　航空無線電話のアルファベット文字と数字の発音

（1）無線電話のアルファベット文字の発音

文字	語	国際発音表記法	アルファベットによる表示
A	Alfa	ˈælfə	<u>AL</u> FAH
B	Bravo	ˈbraːvou	<u>BRAH</u> VOH
C	Charlie	ˈtʃaːli or ʃaːli	<u>CHAR</u> Lee or <u>SHAR</u> LEE
D	Delta	ˈdeltə	<u>DELL</u> TAH
E	Echo	ˈekou	<u>ECK</u> OH
F	Foxtrot	ˈfɔkstrɔt	<u>FOKS</u> TROT
G	Golf	gɔlf	GOLF
H	Hotel	houˈtel	HOH <u>TELL</u>
I	India	ˈindiə	<u>IN</u> DEE AH
J	Juliett	ˈdʒuːliet	<u>JEW</u> LEE <u>ETT</u>
K	Kilo	ˈkiːlou	<u>KEY</u> LOH
L	Lima	ˈliːmə	<u>LEE</u> MAH
M	Mike	maik	MIKE
N	November	noˈvembə	NO <u>VEM</u> BER
O	Oscar	ˈɔska	<u>OSS</u> CAH
P	Papa	paˈpa	PAH <u>PAH</u>
Q	Quebec	keˈbek	KEH <u>BECK</u>
R	Romeo	ˈroumio	<u>ROW</u> ME OH
S	Sierra	siˈerə	SEE <u>AIR</u> RAH
T	Tango	ˈtæŋgo	<u>TANG</u> GO
U	Uniform	ˈjuːnifɔːm or uːnifɔrm	<u>YOU</u> NEE FORM or <u>OO</u> NEE FORM
V	Victor	ˈviktə	<u>VIK</u> TAH
W	Whisky	ˈwiski	<u>WISS</u> KEY
X	X-ray	ˈeksˈrei	<u>ECKS</u> <u>RAY</u>
Y	Yankee	ˈjæŋki	<u>YANG</u> KEY
Z	Zulu	ˈzuːluː	<u>ZOO</u> LOO

〔注〕アンダーラインの箇所は、アクセントをつけて発音する。

（2）数字と単位の発音

〔数字〕	〔発音〕	〔数字〕	〔発音〕	〔数字〕	〔発音〕
0：	ZE-RO	5：	FIFE	.：Decimal	：DAY-SEE-MAL
1：	WUN	6：	SIX	100：HUNdred	：HUN-dred
2：	TOO	7：	SEV-en	1000：TOUSAND	：TOU-SAND
3：	TREE	8：	AIT		
4：	FOW-er	9：	NIN-er		

〔注〕大文字で表示した音節は、アクセントをつけて発音する。

付録 2　無線電話で使用する常用語句

　航空移動業務の無線電話に使用される基本的な語句は ICAO 附属書第10の第 2 巻に次のとおり記載されている。

〔語句〕	〔英和の意味〕

ACKNOWLEDGE　:　"Let me know that you have received and understood this message."
〔あなたがこの通報を受信し、理解したことを返信して下さい。〕

AFFIRM　　　　　:　"Yes"
〔その通りです。〕

APPROVED　　　:　"Permission for proposed action granted."
〔申し入れ事項を、許可（又は、承認）します。〕

BREAK　　　　　:　"I hereby indicate the separation between portion of the message."
〔これより、通報の各部分の区切りを示します。〕
（通報の本文とその他の部分との間に、明白な区切りが無い場合に使用する用語）

BREAK BREAK　:　"I hereby indicate the separation between messages transmitted to different aircraft in a very busy environment."
〔非常に多忙な状況にあるので、別の航空機に送信する通報の合間に通信の区切りを行います。〕
・邦語による航空管制用語としては、"貴局への送信を終わりますが、続けて他の局を呼びますので受信証を送信しないで下さい。"

CANCEL　　　　 :　"Annul the previously transmitted clearance."
〔前に受信した管制承認（クリアランス）を無効にします。〕

CHECK　　　　　:　"Exmamine a system or procedure."
〔システム又は方式を検査して下さい。〕
（通常の場合、応答は期待しない。）

CLEARED　　　　:　"Authorized to proceed under the conditions specified."
〔定められた条件の下で送信することが承認されました。（許可されました。）〕

CONFIRM　　　　:　"Have I correctly received the following ~?" or "Did you correctly receive this message ?"
〔次の～について私の受信は適正でありましたか？〕又は〔あなたはこの通報を適正に受信しましたか？〕

CONTACT   : "Establish radio contact with ~"
                     〔～と無線交信を設定してください。〕

CORRECT   : "That is correct."
                     〔その通りです。〕

CORRECTION   : "An error has been made in this transmission (or message
                     indicated). The correct version is ~."
                     〔この送信（又は指摘された通報）の中に誤りがありました。正し
                     いものは～です。（訂正いたします。）〕

DISREGARD   : "Consider that transmission as not sent."
                     〔送信は、送られなかったものと見なして下さい。〕

GO AHEAD   : "Proceed with your message."
                     〔あなたの通報を送信して下さい。〕

HOW DO YOU   : "What is the readability of my transmission ?"
READ   〔当方の送信の感明度は如何ですか？〕

I SAY AGAIN   : "I repeat for clarity or emphasis."
                     〔はっきりするため、又は強調するために反復します。〕

MONITOR   : "Listen out on (frequency)."
                     〔(周波数) を聴取して下さい。〕

NEGATIVE   : "No" or "Permission not granted" or "That is not correct."
                     〔"いいえ"、"許可できません"、又は、"それは正しくありません。"〕

OVER   : "My transmission is ended, and I expect a response from you."
                     〔私の送信は終了しました。それであなたの応答を期待しています。〕
                     (注) VHF 通信では通常使用されない。

OUT   : "This exchange of transmissions is ended and no response is
                     expected."
                     〔この交信は終わりました、応答は期待していません。〕(注) VHF
                     通信では通常使用されない。

READ BACK   : "Repeat all, or the specified part, of this message back to me
                     exactly as received."
                     〔この通報の全部又は特定の部分をあなたが受信した通りに反復し
                     て下さい。〕

RECLEARED   : "A change has been made to your last clearance and this new
                     clearance supersedes your previous clearance or part thereof."
                     〔あなたが受信した最後の管制承認（クリアランス）に変更が行わ
                     れています。新しいクリアランスは次のとおりです。〕

REPORT	:	"Pass me the following infomation ~." 〔次の情報を通報して下さい。〕
REQUEST	:	"I should like to know ~." or "I wish to obtain ~." 〔私は～を知りたい。〕又は〔私は～を入手したい。〕、〔～を要求します。〕、〔要求してください。〕
ROGER	:	"I have received all of your last transmission." 〔私はあなたのこれまでの送信をすべて受信しています。〕 (Note) Under no circumstances to be used in reply to a question requiring "READ BACK" or a direct answer in the affirmative (AFFIRM) or negative (NEGA-TIVE). (注)〔どのような条件でも、"READ BACK" を要求する質問に対する回答又は承諾（"AFFIRM"）又は否定（"NEGA-TIVE"）の直接の回答に "ROGER" を使用してはならない。〕
SAY AGAIN	:	"Repeat all, or the following part, of your last transmission." 〔あなたの送信の全部又は次の部分を反復して下さい。～をもう一度送信して下さい。〕
SPEAK SLOWER	:	"Reduce your rate of speech." 〔あなたの話す速度を落として下さい。〕
STANDBY	:	"Wait and I will call you." 〔当方から呼び出すまで待っていて下さい。〕
VERIFY	:	"Check and confirm with originator." 〔発信者に確認して、照合して下さい。〕 〔…を確認して下さい。〕
WILCO	:	(Will comply の略語) "I understand your message and will comply with it." 〔私はあなたの通報を了解し、それに従います。〕
WORDS TWICE	:	① As a request ; "Communication is difficult. Please send every word, or group of words, twice." 〔要請する場合 ; "通信が困難です。それぞれの単語又は語句を 2 度送信して下さい。"〕 ② As information ; "Since communication is difficult, every word, or group of words, in this message will be sent twice." 〔情報提供の場合 ; "通信が困難な状況にあるので、この通報中の単語又は語句を 2 度送信します。"〕

付録3　航空情報の業務用略語

（Abbreviations for use the aeronautical information service）

［A］

A/A　　　　　Air to Air：空対空

ACARS　　　Air Communication Addressing and Reporting System：航空機空地
　　　　　　　データ通信システム

ACAS　　　　Airborne Collision Avoidance System：航空機衝突防止装置

ACC　　　　　Area Control Centre：航空交通管制センター

ADF　　　　　Automatic Direction Finder：自動方向探知機

AEIS　　　　 Aeronautical En-route Information Service：航空路情報業務

AFTN　　　　Aeronautical Fixed Telecommunication Network：航空固定通信網

AFS　　　　　Aeronautical Fixed Service：航空固定業務

A/G　　　　　Air to Ground：空対地

AIC　　　　　Aeronautical Information Circular：航空情報サーキュラー

AIP　　　　　Aeronautical Information Publication：航空路誌

AIRAC　　　＊ Aeronautical Information Regulation and Control：エアラック

AIREP　　　　Air-report：機上気象報告、機上観測報告

AIS　　　　　Aeronautical Information Service：航空情報業務

ALT　　　　　Altitude：高度

AMS　　　　　Aeronautical Mobile Service：航空移動業務

AP　　　　　　Airport：空港

ARSR　　　　Air Route Surveillance Radar：航空路監視レーダー

ARTS　　　　Automated Radar Terminal System：ターミナルレーダー情報処理シ
　　　　　　　ステム

ASDE　　　　Airport Surface Detection Equipment：空港面探知レーダー

ASR　　　　　Airport Surveillance Radar：空港監視レーダー

ATA　　　　　Actual Time of Arrival：実到着時間

ATC　　　　　Air Traffic Control：航空交通管制

ATD　　　　　Actual Time of Departure：実出発時間

ATIS　　　　＊ Automatic Terminal Information Service：飛行場情報放送業務

ATM　　　　　Air Traffic Management：航空交通管理

ATS　　　　　Air Traffic Service：航空交通業務

AUG　　　　　August：8月

[B]

BCN	Beacon：航空灯台
BCST	Broadcast：放送
BRG	Bearing：方位

[C]

CAB	Civil Aviation Bureau, Ministry of Land, Infrastructure, Transport and Tourism：国土交通省航空局
CAC	Civil Aviation College, Ministry of Land, Infrastructure, Transport and Tourism：国土交通省航空大学校
CAT	Clear Air Turbulence：晴天乱気流
CAT	Category：カテゴリー
CEIL	Ceiling：雲高
CFM	Confirm：確認する
CNS	Communication, Navigation, Surveillance：通信・航法・監視
CW	Continuous Wave：連続波

[D]

DEC	December：12月
DEG	Degrees：度（方位、角度、温度）
DEP	＊ Depart, Departure, Departure message：出発又は出発報
DME	Distance Measuring Equipment：距離情報提供装置
DOT	Department of Transportation：米国連邦運輸省
DR	Dead Reckoning：推測航法
DVOR	Doppler VOR：ドップラーVOR

[E]

EB	East Bound：東行
EHF	Extremely High Frequency：ミリ波（30GHz‐300GHz）
ELT	Emergency Locator Transmitter：航空機用救命無線機
ETA	Estimated Time of Arrival：到着予定時刻
ETD	Estimated Time of Departure：出発予定時刻

[F]

FAA	Federal Aviation Administration：米国連邦航空局

FAR	Federal Aviation Regulation：米国連邦航空規則
FCC	Federal Communications Commission：米国連邦通信委員会
FCST	Forecast：予報
FEB	February：2月
FIC	Flight Information Centre：飛行情報センター
FIR	Flighit Information Region：飛行情報区
FIS	Flight Information Service：飛行情報業務
FL	Flight Level：フライトレベル
FLT	Flight：飛行、フライト
FREQ	Frequency：周波数
FT	Feet：フィート

[G]

G/A	Ground to Air：地対空
GCA	Ground Controlled Approach：着陸誘導管制業務
G/G	Ground to Ground：地対地
GNSS	Global Navigation Satellite System：全地球的航法衛星システム
GP	Glide Path：グライドパス
GPS	Global Positioning System：全地球測位システム
GPWS	Ground Proximity Warning System：対地接近警報システム
GRID	Grid：格子点の気象データ値を示す WMO コード
GS	Ground Speed：対地速度

[H]

HDG	Heading：針路、ヘッディング
HF	High Frequency：短波（3000kHz－30000kHz）
HPA	Hectopascal：ヘクトパスカル（気圧）（hPa）
HR	Hours：時間
Hz	Hertz：ヘルツ（電波）

[I]

IAS	Indicated Air Speed：指示対気速度
IATA	International Air Transportation Association：国際航空運送協会
ICAO	International Civil Aviation Organization：国際民間航空機関
IDENT	Identification：識別

IFF	Identification Friend/Foe：敵／味方判別装置
IFR	Instrument Flight Rules：計器飛行方式
ILS	Instrument Landing System：計器着陸方式
IMC	Instrument Meteorological Conditions：計器気象状態
INFO	＊Information：情報
INS	Inertial Navigation System：慣性航法装置
INTRG	Interrogator：質問機
ISA	International Standard Atmosphere：国際標準大気
ITU	International Telecommunication Union：国際電気通信連合

[J]

JA	Japan, Japanese：日本の、日本語
JAN	January：1 月
JCG	Japan Coast Guard：海上保安庁
JMA	Japan Meteorological Agency：気象庁
JASDF	Japan Air Self-Defence Force：航空自衛隊
JGSDF	Japan Ground Self-Defence Force：陸上自衛隊
JMSDF	Japan Maritime Self-Defence Force：海上自衛隊
JST	Japan Standard Time：日本標準時
JUL	July：7 月
JUN	June：6 月

[K]

| kHz | Kilohertz：キロヘルツ |
| KT | Knots：ノット（1 時間に1,852m走る速力） |

[L]

LAT	Latitude：緯度
LB	Pounds：ポンド（重量）
LF	Low Frequency：長波（30kHz – 300kHz）
LLZ	Localizer：ローカライザ（LOC）
LMT	Local Mean Time：地方標準時
LONG	Longitude：経度

[M]

MAG	Magnetic：磁方位
MAP	Aeronautical Maps and Charts：航空地図及び航空図
MAR	March：3 月
MAX	Maximum：最大、最高
MAY	May：5 月
MET	＊ Meteorological or Meteorology：気象
MF	Medium Frequency：中波（300kHz－3,000kHz）
MHz	Megahertz：メガヘルツ
MIN	Minutes：分
MKR	Marker Radio Beacon：マーカビーコン
MLS	Microwave Landing System：マイクロ波着陸装置
MLT	Multilateration：マルチラテレーション
MM	Middle Maker：ミドルマーカ（ビーコン）
MNM	Minimum：最小、最低
MOD	Ministry of Defence：防衛省
MSG	Message：通報
MWO	Meteorological Watch Office：気象監視局

[N]

NAA	Narita International Airport Corporation：成田国際空港株式会社
NAT	North Atlantic：北大西洋
NAV	Navigation：航法
NAVAID	Navigation Aid：無線航法援助施設
NDB	Non-Directional Radio Beacon：無指向性無線標識
NE	Northeast：北東
NIL	＊ Nil, None or I have nothing to send you：無、零、送信するもの無し
NM	Nautical Miles：海里［1 海里 =1,852m］
NOTAM	＊ Notice to Airmen：ノータム（航空関係者に対する告知）
NOV	November：11月
NP	North Pacific：北太平洋
NW	Northwest：北西

[O]

| OAC | Oceanic Area Control Centre：洋上管制本部 |

OCA	Oceanic Control Area：洋上管制区
OCT	October：10月
OM	Outer Marker：アウターマーカー
OPMET	Operational Meteorological Information：運航気象情報
ORSR	Oceanic Route Surveillance Rader：洋上航空路監視レーダー

[P]

PAC	Pacific Region：太平洋地区
PANS	Procedures for Air Navigation Services：航空業務方式（ICAO）
PAR	Precision Approach Radar：精測進入レーダー
PAX	Passengers：乗客
PIC	Pilot-in-command：指揮権のある操縦士、機長
PIREP	Pilot Report：機長報告（機上気象報告）
PLN	Flight Plan：飛行計画又は飛行計画通報
PPI	Plan Position Indicator：監視レーダー用表示装置
PRKG	Parking：駐機
PROC	Procedure：方式
PS	Plus：プラス、正
PWR	Power：出力

[Q]

QFE	Q-Code：飛行場標高（滑走路末端）での大気圧（無線電信用Q符号）
QNH	Q-Code：平均海面上の大気圧による高度計規正値（上記に同じ）
QTE	Q-Code：貴方位（上記に同じ）

[R]

RA	Radio Altimeter：電波高度計
RAC	Rules of the Air and Air Traffic Services：航空規則及び航空交通業務
RAG	Remote Air-Ground Communication：遠隔空港対空通信施設
RAPCON	Radar Approach Control：レーダー進入管制所（ラプコン）
RASH	Rain Showers：驟雨
RCAG	Remote Center Air-Ground Communication：遠隔対空通信施設
RCC	Rescue Co-ordination Centre：捜索救難調整本部
RDARA	Regional and Domestic Air Route Area：地域的及び国内航空路区域
RNAV	＊ Area Navigation：アールナブ（空域を効率よく利用する航行方式）

RTE	Route：ルート、経路
RTF	Radiotelephone：無線電話
RVR	Runway Visual Range：滑走路視距離
RWY	Runway：滑走路

[S]

SARPS	Standards and Recommended Practices：ICAO 標準及び勧告方式
SAR	Search and Rescue：捜索救難
SDBY	Stand by：待機する、当方から呼び出すまで待って下さい。
SE	Southeast：南東
SEC	Seconds：秒
SELCAL	＊ Selective Calling System：選択呼出装置
SEP	September：9 月
SGL	Signal：信号
SHF	Super High Frequency：マイクロ波（3 GHz－30GHz）
SID	＊ Standard Instrument Departure：標準計器出発方式
SIGMET	＊ Significant Meteorological Information：シグメット情報
SKED	Scheduled：定期の
SMC	Surface Movement Control：地上移動管制
SMR	Surface Movement Radar：空港面探知レーダー
SNOWTAM	＊ A special series NOTAM：スノータム
SPECIAL	＊ Local Special Meteorological Report：特別観測報告
SRR	Search and Rescue Region：捜索救難区
SSR	Secondary Surveillance Radar：二次監視レーダー
SST	Supersonic Transport：超音速輸送
STAR	＊ Standard Instrument Arrival：標準到着経路
STN	Station：局
STOL	Short Take-off and Landing：短距離離着陸
SW	Southwest：南西

[T]

TACAN	＊ UHF Tactical Air Navigation Aid：タカン（航空保安無線施設）
TAF	＊ Aerodrome Forecast：飛行場予報（略語形式）
TAS	True Airspeed：真対気速度
TAX	Taxing or Taxi：走行中、走行する

TCA	Terminal Control Area：ターミナルコントロールエリア
TFC	Traffic：交通
TWR	Aerodrome Control Tower：飛行場管制塔
TX	Radio Transmitter：無線送信機

[U]

UAR	Upper Air Route：高高度飛行経路
UHF	Ultra High Fequency：極超短波（300MHz－3,000MHz）
USAF	United States Air Force：米国空軍
UTC	Co-ordinated Universal Time：協定世界時

[V]

VASIS	＊ Visual Approach Slope Indicator System：進入角指示灯
VDL	VHF Digital Link：次世代空地 VHF デジタルリンクシステム
VFR	Visual Flight Rules：有視界飛行方式
VHF	Very High Frequency：超短波（30MHz－300MHz）
VLF	Very Low Frenquency：超長波（3 kHz－30kHz）
VMC	Visual Meteorological Conditions：有視界気象状態
VOLMET	＊ Meteorological Information for Aircraft in Flight：ボルメット気象情報
VOR	VHF Omni-directional Radio Range：VHF 全方向レンジ
VORTAC	＊ VOR and TACAN Combination：ボルタック（VOR と TACAN の併置）
VTOL	Vertical Take-off and Landing：垂直離着陸

[W]

WAC	World Aeronautical Chart, ICAO：国際民間航空図
WAM	Wide Area Multilateration：広域マルチラテレーション
WB	West bound：西行き
WMO	World Meteorological Organization：世界気象機関
WT	Weight：重量
WX	Weather：気象

（注）＊を付した略語は、ICAO マニュアルの規定で無線電話の送話で 1 語として通常発音されているとしている。

索 引

290

【よ】

【り】

【れ】

【ろ】

編著者紹介

酒　村　伸　二
（日本航空株式会社　元機長）
　その他、航空無線通信及び航空無線行政に
携わる方々にご協力をいただき作成いたしま
した。

航 空 通 信 入 門

（電略　コツ）

平成 3 年10月29日　発　行
令和 3 年 7 月 7 日　第 6 版

発　行　**一般財団法人 情報通信振興会**
東京都豊島区駒込 2 丁目 3 番10号
郵便番号　170-8480
電　話　（03）3940－3951
Ｆ Ａ Ｘ　（03）3940－4055
振替口座　00100－9－19918
Ｕ Ｒ Ｌ　https://www.dsk.or.jp/
印　刷　**船舶印刷株式会社**

ISBN978-4-8076-0944-4 C3065 ¥2700E

情報通信振興会の本（航空無線通信士関係図書）

無線従事者養成課程用標準教科書　シリーズ

航空無線通信士　　　法規　無線工学　英語

航空特殊無線技士　　　法規　無線工学

無線従事者国家試験問題解答集　シリーズ

航空通　　（航空無線通信士）　　　法規・無線工学・英語

特　技　　（航空特殊無線技士含む）　法規・無線工学

航空無線通信士　英語簡易辞書【英和編、和英編、略語編】

無線通信士（等）英会話 CD【航空無線通信士試験対策】

業務参考図書

実用航空無線技術

詳しくは、情報通信振興会　オンラインショップへ